潮尚 CHEERS

HERE COMES EVERYBODY

与最聪明的人共同进化

U0250930

CHEERS
湛庐

怀疑的
首要性

[英]蒂姆·帕尔默 Tim Palmer　著　　樊京芳　译

The Primacy
of Doubt

浙江科学技术出版社·杭州

测一测

如何在复杂混沌的世界中做明智的决策？

扫码加入书架
领取阅读激励

扫码获取全部测试题及答案，
一起跟随复杂科学专家更好
地洞察与决策

- 根据气象学家爱德华·洛伦茨的研究，天气变化的不可预测性来源于什么？（单选题）

  A. 大气的温度和湿度变化

  B. 大气层的复杂性和非周期性

  C. 大气对流运动和海洋的影响

  D. 大气层内的涡旋和气象图的循环

- 如果你正准备买保险，需要着重考虑的因素应该是什么？（单选题）

  A. 保险的价格

  B. 风险发生的概率

  C. 保单的条款

  D. 保险公司品牌的大小

- 在预测疾病传播时，为什么不同的社会环境和行为模式至关重要？（单选题）

  A. 因为预测模型的准确性取决于人群数量的大小

  B. 因为人群的互动方式会极大影响病毒传播的速度

  C. 因为人群的性别和年龄决定了病毒的传播模式

  D. 因为预测模型无法评估现实生活的具体情况

扫描左侧二维码查看本书更多测试题

献给吉尔（Gill）、萨姆（Sam）、格雷格（Greg）和布伦丹（Brendan），感谢他们对我的爱、支持、耐心和理解。

谨以此书纪念丹尼斯·夏马（Dennis Sciama）、雷蒙德·海德（Raymond Hide）、爱德华·洛伦茨（Ed Lorenz）和罗伯特·梅（Bob May），他们以各自的方式给予我许多教诲和激励。

人类拥有怀疑的自由，
这种自由来自科学发展早期与权威斗争的成果。
那是一场极为深刻且激烈的斗争。
它允许我们提出问题，即保持怀疑的心态，而不要对一切深信不疑。

——

理查德·费曼（Richard Feynman）[1]

费曼深信怀疑的首要性，它不但不会损害人类的
认知能力，而且正是认知的核心。

——

詹姆斯·格雷克（James Gleick）
《费曼传》[2]

噪声是创造力的引擎，理解不确定性至关重要

我非常高兴能为《怀疑的首要性》的中文版撰写这篇序言，并向中国读者致以诚挚的问候。

这是一本关于不确定性科学的书，涵盖了从应用科学（天气、气候变化、经济学、健康和人类冲突）到基础科学（量子物理学、宇宙学和意识）等一系列主题。我希望这本书中的内容能引起所有读者的兴趣。当然，如果你发现某一章节不合你的口味，直接跳到下一章就好！

大约在 1990 年我首次来到中国时，我注意到街上的人会盯着我看——那时看到一张西方人的面孔仍有点不寻常。从那以后，中国科学技术的迅猛发展令人瞩目，如今中国无疑已是世界领先的科学强国。事实上，2022年，就在我的书在英国和美国出版之际，中国科学家展示了利用基于人工智能的全新技术进行天气预报的可能性，而这正是我多年来研究的领域。尤其值得一提的是，这些人工智能技术并不需要强大的超级计算机。这项革命性工作对全球业务气象学领域产生的影响不容忽视。

　　然而，当新的科学观点被提出时，我们务必谨慎对待，甚至要持一定的怀疑态度。我们能否确定在实验室里或通过有限的验证测试所得到的结果，在更普遍的情况下也同样成立呢？社会依赖高质量的天气预报，尤其是在对危及生命的事件发出预警时。然而，从本质上讲，在用于训练人工智能天气预报系统的数据集中，这些危及生命的事件并不常见。对于罕见的极端事件，我们能在多大程度上信任人工智能预报系统呢？实际上，在其他领域，我们发现人工智能也可能会出错。大语言模型"产生幻觉"是相当常见的情况，即它们会给出完全错误的陈述。我们在阅读一些由人工智能生成的文本时，根本不知道哪些陈述是可信的，哪些是不可信的。我们必须开发一些技术，使它们能够在基于人工智能的预测系统不可靠时，向我们发出警告。

　　开发这类技术正是我这本书的核心，并且这一目标在今天和我写作本书时一样具有现实意义。当我们进行预测时，我们必须能够估计这些预测中的不确定性。这是科学方法的核心所在。如果有人做出一个预测，却没有对其可靠性或不确定性进行任何估计，那么我们就应该对这个预测持非常谨慎的态度。如果没有对预测的不确定性进行估计，那它就不是一项科学的预测。在本书中，我介绍了我在英国气象局和欧洲中期天气预报中心开发的集合预测方法。该方法用于对天气和气候预报的不确定性进行估计。不过，我在本书中也探讨了如何将这些方法应用于经济和健康预测。事实上，我写这本书的时候正值新冠病毒感染疫情期间，当时人们正在开发集合预测方法来帮助预测新冠病毒导致的死亡人数和住院人数，因此对不确定性的估计至关重要。通常，政府不仅想知道最可能的死亡人数和住院人数，还想了解合理的最坏情况。就在我写这篇中文版序时，集合预测技术正被应用于人工智能领域，我认为这是一个非常令人兴奋且重要的发展。

　　提到不确定性时，我们可能会联想到一个部分被噪声掩盖的信号。我们的直觉是噪声，是个麻烦，必须尽量减少，但事实未必如此。我这本书的主题之一就是噪声可以是一种有用的资源。噪声可能发挥关键作用的一个领域是在人类的大脑中。大脑中存在噪声是一个必然结果，因为大脑大约有800亿个神经元，而消耗的能量却仅为20瓦，比现代超级计算机少了大约6个数量级。在本书中，我提出，人类之所以能够成为极具创造力的物种，正是大脑对神经元噪声进行开创性利用的直接结果。在这方面，我很高兴地看到，2024年的诺贝尔物理学奖被授予了那些在人工智能系统中充分利用噪声的先驱者。人工智能与人类认知的关系正逐年变得更加紧密。在这一探索过程中，试图理解人类如何处理不确定性至关重要！

在本书中，我探讨了噪声和不确定性如何影响人们的日常生活。有时，人类会被认为是不理性的（甚至是愚蠢的！），因为我们往往会答错一些看似简单的问题（例如，买一根棒球球棒和一个棒球共花费1.10美元。球棒比棒球贵1美元。棒球的价格是多少？答案不是10美分！）。然而，我认为这种关于不理性的结论忽略了一个重要的点。当我们每天面临成千上万的决策时，大脑花费大量精力去回答不重要的问题是不理性的。因此，大脑形成了一种非常理性的策略来处理这些成千上万的决策：花费很少的精力去回答不重要的问题，从而将可用的精力集中在需要的地方，即重要的决策上。从这个角度来看，正确回答球棒和棒球的问题是不理性的。（除非答对这个问题能挽救你的生命！）这种策略在人工智能系统中仍未得到考虑，而且在我看来，这仍然是人类与人工智能的一个关键区别。

然而，在试图理解人类和人工智能系统时，还有另外一个重要的未解决问题：量子物理学在人类认知中是否起着至关重要的作用？我们仍然不知道答案，在我看来，我们不知道的原因之一是，尽管量子理论已有100年的历史，但我们仍然没有很好地理解它。在本书中，我讨论了量子物理学中不确定性的起源。它与经典混沌系统中的不确定性本质上是相同的，还是根本不同呢？物理学家们的普遍观点是，量子不确定性与混沌不确定性截然不同。然而，我认为这一结论可能是错误的。也许量子计算机发展带来的最大影响之一是我们最终将能够理解量子不确定性的真正物理本质。

在写这本书时，人们常常问我，我心目中的读者是哪一类人。老实说，我在写作时想到的是我的兄弟。他没有接受过正式的科学训练，但仍然对科学非常感兴趣。他经常打电话给我，询问我对他刚看过的一些网络科普视频的看法。在我看来，他是可能被这本书吸引的那类读者的典型代表。所以，亲爱的读者，你不必具备任何科学知识也能阅读本书，当然更不需要具备专业技术层面的知识，但你必须对科学有一定的好奇心。

在我的科研生涯中，我有幸与中国科学家合作。的确，我们现在生活在一个国际合作至关重要的时代。社会面临的诸如气候变化等许多问题是全球性问题，必须在全球范围内加以解决。在前进的道路上，分享我们对科学的理解非常重要。但也许同样重要的是，当我们对某些问题理解不深时，分享我们的困惑和怀疑。我自己就曾因没有像期望的那样对气候变化的区域影响有一个准确的认识而感到沮丧。不仅区域尺度上的不确定性很大，而且我们可靠地估计这些不确定性的能力也很薄弱。在本书中，我建议成立一个"气候变化领域的欧洲核子研究中心（CERN）"。以这个国际粒子物理实验室命名的"气候变化领域的欧洲核子研究中心"不会将基本粒子对撞在一起，而是会建立超高分辨率的全球气候模型，以便更好地理解中国以及全球极端天气事件不断变化的本质。如果我们要明智地适应气候变化，那么成立这样一个中心将非常重要。如果真的建成这样一个中心，也许中国会发挥主导作用。我希望能再次来到中国，也许还可以谈谈我的这本书。如今，我的西方面孔不会再像 1990 年时那样稀奇了。

亲爱的读者，向你致以我最诚挚的美好祝愿。我希望你能在这本书中找到一些能给你带来启发和挑战，甚至可能改变你生活的东西。

迷人的混沌

从读者的角度来看，跳过一本书的前言直接切入正题是很常见的举动。至少，我就经常这样做。

如果你阅读本书时也这样做了，这的确不会影响你理解本书的主题，**即不确定性科学如何帮助我们理解这个不确定且难以预测的世界**。但你可能会有些疑惑，既然生活中所有的事情都是不确定的，我为什么要关注本书聚焦的那些看似不相干的特定话题，例如气候变化、经济学、量子物理学与宇宙学、人类的创造力和意识等，为什么不讨论地震、药物开发或网络攻击？原因与我的学术背景有关。

我在 20 世纪 70 年代攻读博士学位时曾研究过爱因斯坦的广义相对论。早在我十几岁的时候，爱因斯坦就是我心目中的英雄。我很幸运，因为 20 世纪 70 年代被视为广义相对论的黄金时代。1974 年，在我参加的第一场学术会议上，当时还能开口讲话的斯蒂芬·霍金发布了他最重要也最著名的发现，即黑洞并不是真正的一片漆黑，而是会向外辐射粒子。

我的导师丹尼斯·夏马曾经担任霍金博士阶段的导师。[1] 他为霍金的这一发现欣喜若狂。夏马一度乐观地认为，人类即将实现将广义相对论与成功地描述了原子和基本粒子的量子力学相结合的理论突破。但是，一些问题也随之浮现。其中一个让夏马感到困扰的问题是，霍金的计算过程过于晦涩难解。夏马坚信必有一种在物理学上更为清晰的方法来论证这个如此重要的结论。他开始考虑一种基于非平衡热力学的新思路。夏马让我研究我之前未曾听说过的"最大熵产生原理"。

在博士研究快结束时，我已经成为黑洞研究领域的专家，并成功在剑桥大学的霍金小组得到了博士后的研究职位。[2] 一切似乎都预示着我会成为一名理论引力物理学家。

但是，随着对新身份的了解日渐深入，我开始怀疑这是否真的是我理想中的工作。我所做的研究与普通人的幸福感几乎没有关系。而且，最重要的是，我意识到，世界上对我的研究内容与细节真正感兴趣的专业人士寥寥无几。

假如我认为自己真的能成功将量子力学与广义相对论统一起来，那这些疑虑也许算不了什么。这项任务在 20 世纪 70 年代堪称物理学界的圣杯，时至今日，它的地位依然没有改变，而且依然悬而未决。然而，我越想就越觉得这两个理论在概念层面上是根本不兼容的，它们不可能被统一，至少我无法做到这一点。

那个时代的主流观点是人们应该忽略这些概念层面的问题，专心于数学计算，希望最终会出现奇迹。美国物理学家戴维·默明（David Mermin）

戏称其为"闭上嘴，埋头计算"。但是，这不是所有人的看法。我不禁回想起 1974 年我参加的那场会议。会议由英国著名理论物理学家克里斯·艾沙姆（Chris Isham）主持。他在开场白中提到："如今，将注意力集中于这些概念层面的问题的做法已经不流行了，大多数人宁愿将重心放在更'值得'的技术难题上。然而，在量子引力领域，概念性和技术性的问题往往密不可分，对前者的忽略可能导致后者变得无关痛痒。"[3]

这些话引起了我的共鸣。我开始担忧自己正投身于一些终将被证明无关痛痒的工作。

一次偶然的机会，我遇到了世界著名的气象学家雷蒙德·海德。他对天文学和气象学都很感兴趣，而且是唯一一个同时担任过英国皇家天文学会和皇家气象学会主席的人。当时我向他请教气候物理学有什么新发现，他向我介绍了一位澳大利亚同仁的一篇论文。该论文阐述了如何由最大熵产生原理推导出地球气候的一些特性。[4] 他的话就像一道闪电击中了我。这不正是我最近才意识到的物理学中某个仍未显露真颜的概念吗！从黑洞蒸发到地球气候系统结构，这一概念似乎可以将与之相关的所有事物统一起来！

那个时候，英国气象局正在招募科学家。我近乎冲动地申请了这份工作，但尚不确定这就是我真正想要的工作。面试时，我语无伦次地谈论了最大熵产生原理对理解气候的至关重要的意义。令我大为吃惊的是，我竟然得到了这份工作。

但是，我要拒绝与一位世界顶级理论物理学家共事的机会，转而进入更为平淡的科学公共服务界，在一个我对其几乎一无所知的领域工作吗？如果我拒绝由霍金发出的工作邀请，我的父母一定会对我感到失望。我不知道该怎样选择，每天都在犹豫不决中度过。于是，我决定先把这个问题搁置几天，回去写我的论文。大约一周后的一天，当我走进办公室时，突然发觉我要做什么的念头变得清晰起来。没有更多犹豫，我提笔写信给剑桥大学应用数学与理论物理系的系主任，谢绝了他的邀请。

我的大脑发生了什么变化，使我突然间就知道了该做些什么，就在不久之前，我还像以法国哲学家布里丹（Buridan）命名的那头驴子一样，饥渴之下不知该如何在一堆干草和一桶水之间做出选择。我因此开始对大脑的决策过程产生了浓厚的兴趣。

在过去的 10 年里，我不再深入思考基础物理。我沉浸在与天气和气候有关的科学中，并与同事们一起取得了一些令人兴奋的突破。迈克尔·麦金泰尔（Michael McIntyre）和我在地球大气平流层发现了世界上最大的破碎波。它对于解释为什么会在南极上空意外发现臭氧空洞来说至关重要。克里斯·福兰（Chris Folland）、戴维·帕克（David Parker）和我共同证明了撒哈拉以南萨赫勒地区长达 10 多年的干旱是由大西洋热带区域海水温度的波动引起的。1985 年著名的"拯救生命"音乐会正是为了呼吁对那里灾情的关注而举办的。格伦·舒茨（Glenn Shutts）和我联合开发了一种在天气预测模型中表示小规模大气重力波的方法，这种重力波不同于我此前研究的广义相对论中的引力波。我们还证明了如何利用它帮助航空公司提高燃油效率。詹姆斯·墨菲（James Murphy）与我合作，开创了世界上首个集合预测系统，这一点稍后我再为大家详细描述。在这一时期，我认识了本书再三提到的爱德华·洛伦茨，并开始对混沌理论产生浓厚兴趣。

事实上，早在 20 世纪 80 年代末，由于詹姆斯·格雷克（James Gleick）的巨著《混沌》（Chaos）的问世，"混沌"一词成了全世界的流行词。[5] 在与混沌理论先驱罗伯特·梅合作的过程中，我有机会结识了许多混沌理论相关领域的科学家，并开始思考是否可以将集合预测方法应用于这些领域。我对于集合预测在经济学等领域的应用同样很感兴趣。

我的职业生涯的发展一帆风顺，为此我感到十分快乐，而且也很充实，我几乎忘记了我早年在基础物理领域的探索。

然而，有一天，我走进了牛津的一家知名书店。那一年是 1987 年，正值牛顿的《自然哲学的数学原理》问世 300 周年，一本由斯蒂芬·霍金主编的、纪念性质的新书刚刚上市。我飞快地浏览了一下，昔日的回忆涌上心头。杰出的物理学家罗杰·彭罗斯（Roger Penrose）在一篇文章中提到了贝尔实验这一具有重大意义的实验。这一实验的结果使得物理学家开始否定爱因斯坦关于量子现实的观点。

几周之后，完全出乎我的意料的是，我冒出了一个基于混沌理论的想法，它或许能够解释为何贝尔实验的结果最终还是可以与爱因斯坦的观点相一致。我就此写了一篇论文，然后想把它放到一边，将注意力重新聚焦在我的博士后研究上。[6] 然而，我发现自己做不到。我开始大量阅读关于量子物理基础理论的论文。随着互联网的迅速发展，查找这些论文变得更加方便。我试图进一步完善我关于量子物理领域的想法。我再次被吸引到我认为自己已经放下的物理学领域，至少在那些夜晚里是如此。

完成这一类工作，你其实只需要笔和纸。但是，为了求解我日常在工作中遇到的天气和气候物理学方面的方程，我要用到一些算力强大的超级计算机。然而，使用超级计算机的次数越多，我就越感到沮丧，因为它们在研究应用中存在很大的局限性。尽管它们具有非常出色的性能，每秒可以执行数百万、数亿次计算，但仍然对全球天气（气候）模型中的细节数量及随时可以运行的集合预测中单次预报的数量存在严重的限制。

超级计算机的处理能力从根本上说会受到运行它所使用的电力的限制。运行一台现代超级计算机需要大量的电力，往往高达几十兆瓦。我最初想尝试是否能通过降低晶体管的电压来减少超级计算机的能耗。[7] 这种做法可以使超级计算机在相同输入能量的条件下装配更多的芯片，研究人员因此得以增加模型中的细节，或所运行的集合预测中单次预报的数量。但是，降低电压会使芯片变得不稳定。计算过程将受到芯片内部原子失控摆动而产生的热噪声的影响，从而无法再保证绝对的精确。由于存在这类噪声，超级计算机不再是无可指摘的。不过，我在书中将进一步讨论，在混沌系统中，噪声可以是一种建设性的资源，能够放大而不是模糊掉信号。我建议[8] 为天气和气候预测一类的问题开发低能耗、有噪声的超级计算机。这类设想正在逐步成为现实。

为了说服同仁接受我的观点，我开始思考世界上是否存在采用低能量噪声计算的天然系统。人类的大脑不就是这样一个典范吗？它只需要 20 瓦的功率就可以激发 800 多亿个神经元。这一特质让我思考人类为何会成为一个如此有创造力的物种。

以上谈到的这些主题以这样或那样的方式吸引了我，并在我多年的研究生涯中逐渐交织在一起，因此我决定将它们加以整合并分享给大家。

中文版序　　噪声是创造力的引擎，理解不确定性至关重要
前　　言　　迷人的混沌

引　　言　　**用不确定性科学理解不确定的世界**　／ 001

第一部分　　**混沌的几何，不确定性的科学**　／ 009

第 1 章　　**无处不在的混沌，不可预测的未来**　／ 011
　　　　　　永不重复的三体轨迹　／ 012
　　　　　　遍布所有科学的混沌理论　／ 017

第 2 章　　**混沌的几何，理解量子物理的奥秘**　／ 027
　　　　　　洛伦茨吸引子与蝴蝶效应　／ 029
　　　　　　不可计算的数学问题　／ 044

第 3 章　**湍流现象与蝴蝶效应，**
我们只能预测未来14 天的天气 / 051

初始条件的不确定性决定了预测的极限 / 052

噪声对于混沌系统很重要 / 061

第 4 章　**不确定性，量子物理学的核心** / 071

量子不确定性是认识论还是本体论 / 072

上帝不会掷骰子 / 081

第二部分　**集合预测，理解混沌的世界** / 091

第 5 章　**用概率集量化不确定性，做出相对精确的预测** / 093

初始条件只是解决方案的一部分 / 094

仅仅靠观测进行预测是不够的 / 096

群体智慧，把所有预测平均起来 / 099

可靠地预测不确定性 / 107

第 6 章　**预测气候变化，用概率的方式解释特定的天气** / 119

我们无法 100% 确定天气事件的原因 / 123

极端主义还是温和主义 / 139

第 7 章　**预测全球性流行病，基于特定政策的预估** / 145

已知的未知，未知的未知 / 152

群体智慧的局限 / 159

第 8 章　　**预测经济，避免意外的金融崩溃** / 163

有效的预测模型 / 167

用集合预测避免经济崩溃 / 172

第 9 章　　**预测冲突与合作，必须关注奇异向量的变动** / 183

冲突可以预测吗 / 185

有史以来最跨学科的挑战 / 192

第 10 章　　**根据最坏情况发生的可能性，做出正确的决策** / 199

可靠的概率有助于做出更好的决策 / 200

科学预测不会告诉你怎么做，但可以帮助你做出决策 / 210

第三部分　　**在混沌宇宙中，理解量子世界与人类** / 219

第 11 章　　**重新审视量子世界的不确定性** / 221

理解量子世界的不可分割性 / 231

宇宙不变集假设 / 236

第 12 章　　**大脑中的噪声，我们如何成为创造性的物种** / 243

关键的创造性洞见都发生在放松的一刻 / 244

过度分析会让我们陷入决策瘫痪 / 256

第 13 章　　**我们拥有自由意志与意识吗 / 261**

自由意志从何而来　/ 263

意识从何而来　/ 269

上帝的多面性　/ 272

致　谢　/ 277

注释与参考文献　/ 283

THE PRIMACY OF DOUBT

引 言

————

用不确定性科学理解
不确定的世界

　　不确定性是人类生存状态的必要组成部分。我们无法预知自己在下周是否会被一辆公共汽车撞倒，或者在购买彩票后是否会赢得高额奖金。如果将眼光放得更长远一些，我们也无法确定自己的投资是否会在下一次全球金融危机中变得一文不值，以及我们是否会被一场新的流行病、下一次世界大战乃至气候变化击倒。一些人希望获得超自然的预测未来的能力，从而摆脱在不确定性影响下的日常生活中的压力。但是，如果人类拥有了这样的能力，人类会变成什么样子呢？如果我们确切地知道未来会发生什么，人类还会是现在这个富有创造力、奋发向上的物种吗？

　　显然，不确定性不仅是人类生活的主题。根据人类历史上最高级的物理学理论，即量子力学，对于构成我们自身和周遭世界的基本粒子来说，不确定性也是它的一个基本特性。如果我们能从基本物理定律中剔除不确定性，这些基本粒子会如何表现？它们会不会变成懒惰的废材？如果物理定律具有了确定性，宇宙又会展现出怎样的不同？

　　我试图在本书中回答这些问题。我将把不确定性或怀疑这一概念提升到一个鲜少出现的地位。它不再是一个"哦，我想我们最好做一下风险分析"

的事后意见，而是一个最应优先受到关注的、最重要的问题。这样做的原因有两点。首先，从现实的角度来看，当基于对不确定性的不可靠估计做出预测时，我们通常会做出非常糟糕的决定。其次，同样重要的是，起码我基于科学家的视角认为重要的一点是，通过关注系统不确定性或它变得不确定的方式，我们可以更好地理解系统的运作方式。**基于上述原因，本书提出了两个主题：用不确定性科学来预测这个不确定的世界以及形成对它的理解。**

预测有很高的难度，尤其是关于未来的预测。有人说这句名言来自丹麦量子物理学家尼尔斯·玻尔（Niels Bohr）或棒球界的哲人、明星教练约吉·贝拉（Yogi Berra）。然而，比预测更困难的是可靠地估计预测中的不确定性。占星家在预测你将遇到一个又高又黑的陌生人之后，绝不会为他的预测给出误差范围。预测不确定性如此困难，正是因为促成不确定性的原因可能毫不起眼，以至于让人觉得微不足道。一起来看看以下这段著名的谚语：

> 因缺一钉，马蹄丢。
>
> 因失马蹄，战马丧。
>
> 因无战马，骑士亡。
>
> 因失骑士，战报没。
>
> 因无战报，战役败。
>
> 因战失败，国家灭。
>
> 一切根源于一颗马蹄钉。

但是，这只是事情的一面。大多数时候，王国并不会因为缺少一颗马蹄钉而灭亡。这样的情况只会在偶然的状态下才会出现。大多数时候，即使经常丢失马蹄钉，王国仍会以稳定和可预测的方式运转。真正的挑战是预测王国何时会因为丢失一颗马蹄钉而面对巨大的风险，以及何时丢失马蹄钉无关紧要。

很多人可能都听说过蝴蝶效应，即一只蝴蝶在丛林中是否扇动过翅膀，将决定在很远的地方会不会形成一场风暴。然而，无论蝴蝶效应是否存在，天气预测模型都不可能呈现出地球上每个角落里所有微小的气流。就像丢失的马蹄钉一样，在呈现微小气流方面的小失误可能会迅速变成大失误，导致大规模天气模型中的巨大错误。但大多数时候，这样的情况不会发生。通常来说，在预测明天或后天的天气时，我们是否知道这些微小气流的存在其实并不重要。

然而，有时这些微小变化却会造成惊人的后果。

迈克尔·菲什（Michael Fish）是英国 BBC 电视台一位受人尊敬的天气预测员。他的预测并非每次都 100% 准确，但总的来说是可靠的，英国公众也相信他的话。至少，在 1987 年 10 月 16 日之前，情况一直是这样的。然后，一夜之间，他的名字就成了失败且失信的预测系统的代名词。

在 10 月 15 日的天气预报直播中，菲什说了一句著名的话："今天早些时候，一位女士打电话给 BBC，说她听说飓风就要来了。[1] 好吧，如果这位女士正在电视机前，请不要担心，天气预报表明不会有飓风！"然而，在 16 日凌晨，一场大风暴袭击了英格兰南部，就其强度而言，堪称 300 多年来袭击这个国家的最严重的一场风暴。1 500 万棵树被吹倒，22 人死亡，经济损失超过 30 亿美元。显然，如果人们提早得知将有风暴来袭，他们就会把汽车从树下移开，将船只、起重机和飞机送往安全的地点，他们也会取消或推迟不必要的旅行。但所有人都相信菲什的预测，认为不会有风暴到来。

当日的早间新闻上几乎没有其他内容。BBC 的新闻节目主持人对值班的天气预测员大加斥责："好吧，你们这些家伙昨晚干得真不错……如果你们不能提前 3 小时预测几个世纪以来最严重的风暴，你们还有什么用？"

英国人被激怒了，人们要求英国国家气象局局长约翰·霍顿（John Houghton）引咎辞职。尽管拥有超级计算机和卫星数据，这个为菲什提供天气预测数据的政府机构却未能履行其最基本的职责：向公众预警即将出现危及人身安全的异常天气。为什么会这样？我们将认识到，这其实缘于蝴蝶效应的间歇性。

2008 年，全球金融市场毫无预警地崩溃，经济学家们经历了"菲什时刻"。英国央行首席经济学家安迪·霍尔丹（Andy Haldane）于 2017 年在英国政府研究所演讲时采用了这样的表述。[2] 霍尔丹认为，经济模型的问题比天气模型严重得多，前者"在世界发生大的转折时根本无法正常运作"。为什么会这样呢？经济从根本上说是否像一些著名经济学家认为的那样，比天气和气候更难以预测？[3] 抑或说，2008 年的金融危机其实更像英国 1987 年风暴，表明经济体系中微小的不确定性会逐步升级，进而在宏观经济层面上完全丧失可预测性？蝴蝶效应的间歇性也适用于经济领域吗？

在本书的第一部分中，我将解释为什么蝴蝶效应具有全面的间歇性，以及人们为什么会错误地相信天气乃至经济一类的系统是可预测的。事实上，我将说明连行星这一类运动如钟表般可预测的天体也会出现它的菲什时刻。这些观点的基础是我称之为"混沌几何学"的理论。它是一门由气象学家洛伦茨创立的分形几何学，我认为它的重要性不亚于爱因斯坦的相对论及薛定谔和海森堡的量子力学理论。如果以"混沌几何学"替代"怀疑的首要性"作为这本书的书名，我认为那也是一个合理的选择。

英国 1987 年风暴事件清楚地表明，人们需要预知蝴蝶效应什么时候是致命的，什么时候则相对安全。在本书的第二部分中，我阐述了在一些领域处理不确定性的实用方法，在这些领域中，给出可靠的预测对每个人自身的幸福乃至社会的整体福祉至关重要。例如，世界各地的气象服务机构现在在预报天气时不再仅仅运行一次模型，而是在所谓的"集合预测"中将模型运行大约 50 次。这 50 次运行的初始条件基本上是相同的，差别在于一些微小的"蝴蝶翅膀的扇动"，即模型可以分辨的最小规模的不确定干扰。除此之外，一些随机性因素或噪声也被加入借助计算机进行运算的天气方程中，以体现计算机模型也具有不确定性这一事实。当大气条件特别不稳定时，就如1987 年风暴发生之时，集合中的单个模型的运行结果会很快发生离散。而在其他情况下，它们通常只会非常缓慢地离散。通过观察集合中单个模型之间在预测期间微小差异的增速，预报员就能避免再次被类似 1987 年风暴那样的不可预测的突发事件所捉弄。

集合预测系统发展的结果之一，正是我们现在经常在天气应用软件中看到的一个变化，即重要的天气预测变量往往以概率的形式表示，如下雨概率。这个概率是对集合中 50 个模型所预测的下雨概率求平均值后计算出来的。用户可能不喜欢这种带有不确定性的概率式预报，毕竟他们只是想知道是否会下雨。但是，这种概率式预报为救援机构提供了一个客观的依据，使它们能够在有可能发生的极端天气事件出现前采取行动，而不再像以前那样被动地等待。这种做法被称为"预期行动"。这一类概率集合技术现在还被用于预测数十年或更长时间内的气候变化。

本书的第二部分探讨了在流行病、经济和冲突事件等具有重要社会影响的领域中集合预测技术的发展。实际上，新冠病毒感染疫情期间，用于预测疫情引发的住院和死亡人数的多模型集成方法得到了迅速发展。政府间气候变化专门委员会则采用类似的多模型方法估算今后的气候变化幅度。我们用这些集合方法进行气候预测的经验可用于评估其在疫情预测中的优、缺点。

　　此外，基本粒子和它们所引发的不确定性又怎么样呢？爱因斯坦认为物理定律具有不确定性的观点是无稽之谈。他认为，量子物理学的不确定性在原则上与预测天气的不确定性没有什么不同。换句话说，不是基本粒子本身具有不确定性，而是人类对它们的了解太有限。正如我在第一部分中讨论的那样，大多数现代物理学家不同意爱因斯坦的观点，主要是因为有实验数据对这种观点提出了挑战。

　　在本书的第三部分中，我基于混沌几何学的观点来挑战量子不确定性的主流认知。这些讨论可能会对基础物理学产生深远的影响，当考虑到目前物理学面临的挑战，例如在深度探索神秘宇宙时遇到的挫折，以及一直徒劳无功的、将爱因斯坦的广义相对论与量子力学相统一的尝试，它们的意义尤其难以估量。

　　第一部分的一个核心概念是，当展示复杂系统时，噪声可以是一种有益的资源，而不是人们通常认为的麻烦。例如，在模拟湍流时，用噪声来表示涡旋和漩涡是有意义的，因为它们太小而无法明确建模。同理，我在第三部分中论述，人类的大脑可能也利用了噪声来模拟周围的世界，而这种模拟可能是人类成为创造性物种的关键。

　　然而，创造力只是人类独有的特征中的一个。人类还拥有强烈的自由意志和对我们自身及周遭世界的意识。那么，自由意志和意识究竟是什么？我在第三部分中提出，混沌几何学可能为这两个古老的哲学问题提供了新的解答。

　　你可以根据自己的兴趣选择章节阅读，而不必完整地按顺序读完每一部分。本书涉及一些复杂的数学概念，但我已经尽量避免在正文中详细谈论数学知识。至于本书中最重要的 3 个数学方程——洛伦茨方程、纳维 - 斯托克斯方程和薛定谔方程，我已将其简化为更为直观的图形。与杰出的艺术作品一样，这些方程是人类非凡创造力的产物。

本书书名的灵感源于格雷克所著的 20 世纪最伟大的物理学家之一理查德·费曼的传记。那么，书名中的"怀疑"（doubt）在这里是什么意思呢？如果一个朋友断言某事，而你回答说"嗯，我有些怀疑"，那么你就是在表达对这个判断感到不确定。事实上，"对某事感到不确定"是《牛津学习词典》为"doubt"一词给出的第一个定义。[4] 不过如果你回答你的朋友"我真的很怀疑"，那么你在表达的不仅仅是内心的不确定，而且是在说明这个判断不太可能是正确的。在本书中，我在使用"怀疑"一词时想表达的是前一种含义，而不是暗示某事不太可能是真实的。事实上，正如我要说明的那样，我们既不要高估也不要低估不确定性。这两种做法都有可能且已经导致糟糕的决策。

总之，这本书所涉及的内容相当独特。一方面，它涵盖了哲学要处理的那些最崇高的问题，并试图以新颖的方式给出答案；另一方面，它也介绍了一些实用的工具，这些工具改变了人们对未来数天、数年乃至数十年里世界的演变做出预测的方式。我衷心期望，一部分读者会因为书中讨论了自由意志、意识和量子物理令人困惑的本质等长期存在的概念问题而感到兴奋；另有一部分读者的欢喜雀跃则可能来自对混沌科学提升社会福利，特别是社会中最贫困阶层的福利的期待；还有一部分读者会通过阅读这本书更深刻地了解自己，尤其重要的是，他们将会意识到，**人们身上的一些明显的缺点并不代表着非理性或失败，反而是人类应对生活中巨大不确定性的一种独特能力**。我希望，每位读者都可以从这本书中找到对他有益的内容。

第一部分

混沌的几何，不确定性的科学

怀疑越深刻，觉醒越彻底。

——据传源自爱因斯坦

当我读到这些文字时，我感到颈背一阵刺痛，头发也立了起来。他知道！
34 年前，他就知道了！

——伊恩·斯图尔特（Ian Stewart）

《上帝掷骰子吗？》（*Does God Play Dice?*）[1]

（该书提及洛伦茨在 1963 年发现混沌分形几何学时的描述）

第一部分讨论了 3 个重要的观点。首先,几何学的一个分支,我称之为混沌几何学,解释了为什么某些系统在大部分时间内是稳定和可预测的,但它们未来的行为却偶尔会变得完全不可预测。其次,我讨论了那些非常复杂、永远无法精确建模的系统。在这种情况下,向这些模型中添加噪声是一种很好的方法,以呈现一部分缺失的复杂性。从这个角度看,噪声往往是有积极意义的建设性资源,而不是人们通常认为的麻烦。我还举出了一些实例来说明噪声的建设性价值。最后,我讨论了量子力学中的不确定性,并阐释了为什么大多数物理学家认为这种不确定性与本书第一部分涉及的其他混沌系统中的不确定性是不同的。第一部分讲述的这些观点将在第二部分和第三部分中得到进一步的延展。

THE PRIMACY OF DOUBT

THE PRIMACY OF DOUBT

第 1 章

——

无处不在的混沌，不可预测的未来

很多人都会用混乱和无序来形容我们的生活。事实上，混沌科学描述的是那些因行为不可预测而看上去无序和混乱的系统。然而，有趣的是，混沌科学最初是通过研究行星运动在这种大多数人眼中代表有序和可预测性的典范而发展起来的。我们理所当然地认为太阳会从东方升起，不仅明天是这样，在我们余生的每一天也都是这样。而且，由于我们可以精确地测算地球围绕太阳的运动以及月球围绕地球的运动，所以我们能够非常有把握地算出几天之后乃至我们一生中涨潮和发生日食的精确时间。

尽管如此，太阳系内各大行星未来的运动仍是不可预测的，因此充满了不确定性。

永不重复的三体轨迹

有序的故事始于科学复兴，也即标志着现代科学崛起的一系列事件。这场科学复兴以 1543 年哥白尼出版《天体运行论》为起点，牛顿于 1687 年发表的《自然哲学的数学原理》则为其终点。

　　牛顿在书中用著名的三大运动定律和万有引力定律，推导出了由德国天文学家开普勒发现的经验公式——行星环绕太阳运动的轨道是一个椭圆，而太阳处在这个椭圆的一个焦点上。[1] 为了得出这个公式，牛顿忽略了现实中太阳系的复杂性，假设它只由两个受引力束缚的天体组成，即太阳和这颗行星。

　　牛顿给出的定律不存在任何随机或不确定的因素。只要知道一颗行星当下的位置和速度，以及将要作用在这颗行星上的力，你就可以计算出在未来任一时刻该行星的位置和速度。你可能还记得高中科学课堂上那些乏味的计算题：这就意味着，要在给定初始速度和仰角的情况下，计算出抛射物将飞出的确切距离。这就意味着，将牛顿定律应用于给定的一组初始条件，未来看上去似乎就是确定的。正因如此，牛顿定律据说是确定的。1814 年，法国哲学家和数学家拉普拉斯在文章中提到一个假想的精灵，这个精灵可以利用牛顿决定论准确地预测未来。[2] 拉普拉斯说："假如一个智慧生物在某一时刻能够知晓所有推动自然世界运动的力量，以及自然世界中所有物体的位置，再假如这个智慧生物足够强大，能够对这些数据进行分析，那么它将可以用一个单一公式来描述宇宙中上至天体、下至原子的运动。对于这样的智慧生物来说，没有什么是不确定的，未来就像过去一样历历在目。"

　　这里提到的"单一公式"与牛顿定律相关。拉普拉斯正是自牛顿以来孜孜以求拓展椭圆轨道公式[3] 的众多科学家之一，希望用新的公式来描述假想中有 3 个或更多受引力束缚的天体的太阳系的运行轨道，例如由太阳、地球和月球或太阳、地球、月球和木星构成的太阳系。使用者将具体的时间输入公式后，该公式将输出在这一时间点各行星的位置。

　　这个问题后来被称为 n 体引力问题。牛顿解决了二体问题（以太阳和地球为对象）。现在的挑战是找到 $n = 3$ 或更大数值时的公式。拉普拉斯及与他同时代的科学家没能完成这个任务。发现这个公式成了众人追逐的目标，瑞典国王奥斯卡二世在庆祝自己的 60 岁生日时，下令要嘉奖任何能解决这个问题的人。

19 世纪末，这个问题最终被法国总统雷蒙德·庞加莱的堂兄、物理学家和数学家亨利·庞加莱解决了。庞加莱提出的解决方案令科学界大为震惊。历史上的数学巨匠一直假设有这样一个公式存在，而庞加莱却证明了当 $n=3$ 或更大的数值时，这样的公式是不存在的。

"这样的公式不存在"是什么意思呢？借助计算机（当然，在庞加莱所处的时代不存在这种设备），我们通过求解牛顿方程，可以在屏幕上绘制出太阳系中 3 个天体的运行轨道，假设模拟的时限是 100 万年以上。原则上，人类或人工智能系统都可以建立一个比牛顿的椭圆轨道公式更复杂的数学公式来精确地描述上述天体的运行轨道。

然而，如果将计算机的模拟时间延长到 200 万年，我们会发现这个公式无法描述上述天体在第 2 个 100 万年的运动轨迹。人工智能系统或许还可以建立一个更为复杂的公式来描述 3 个天体在 200 万年内的运动轨迹。但如果将模拟的时间延长到 300 万年，新的公式将再次失效。事实上，无论我们构建出多么复杂的公式来描述这 3 个天体在任意给定的有限时间内的运动，只要延长运动的时间，该公式终将会失效。在随机的长时间段内，三体问题无法由一个单一公式解决。这就是庞加莱的发现。

由此可以推导出，3 个天体的运动轨迹永不重复。因为如果它们能够重复，我们就能找到一个在随机的长时间段内都可以演算出 3 个天体运动轨迹的公式。我们因此称 3 个天体的轨迹具有非周期性。庞加莱意识到这意味着太阳系中的行星运动从本质上看是不可预测的——天气也具有这一特征。通过研究行星运动，庞加莱发现了一个现在被称之为"混沌"的现象。因为混沌的存在，拉普拉斯的精灵无法用一个公式来预见任意一个时间点的未来。

　　通过查看计算机演示的 $n = 4$ 时行星的运行轨道快照（见图 1-1），我们可以获得一些关于行星混沌的基本理解。[4] 这个方法可以明确和生动地展示庞加莱通过数学分析所理解到的可能发生的现象。在有限的时间阶段里，4 个天体的运行轨道看似是椭圆形的，而人工智能系统可能会基于这段时间内的数据得出结论，在这些近似椭圆的轨道上，天体的运动会无限地延续下去。然而，在几乎没有预警的情况下，这些天体将进入螺旋轨道，并飞向无限远！早期描述这 4 个天体运行轨道的近似椭圆轨道的简单公式在后期完全失效了。

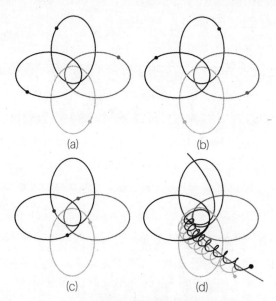

(a)　　　　　　　　　(b)

(c)　　　　　　　　　(d)

图 1-1　4 个受引力束缚的行星的运行轨道

在相当长一段时间内，如图（c）所示，这些行星沿着近似椭圆的路径相互绕行。
然而，突然之间，仿佛凭空出现一般，这些行星开始沿着螺旋路径飞向无限远处。

图 1-1 揭示了混沌系统的一个特征，这个特征也适用于天气系统、经济系统乃至许多其他系统。正如前文所描述的菲什时刻，系统一直看似是可预测的，但是突然间，它发生了难以预测的变化。

地球有没有可能以这种方式从太阳系中弹射出去？这种情况一旦发生，那么全球变暖、金融崩溃和本书中讨论的所有其他问题都将变得无足轻重。我们要如何及时发现这种情况呢？答案是在计算机上制作一个太阳系的模拟模型，运行它，以便了解未来的情况。

但是，计算机模型在预测这类事件时是可以相信的吗？也许，就像菲什对天气的预测那样，这个模型会告诉我们不用担心。也许，它的预测结果是模拟的地球将持续围绕太阳周期性地运行，而我们可能在 5 年后发现现实中的地球正在被弹射出太阳系。

要解决这一合理的顾虑，首先要了解预测行星未来轨道的最大的不确定性。就这个案例来说，最大的不确定性与行星的精确定位有关。为了解决这个问题，我们可以将这个模型运行数百次，将每一次行星的起始位置都设置得略有不同，以反映这种不确定性。这种方法又被称为集合预测，这个概念我将在本书中多次提及。

令人欣慰的是，普林斯顿大学的研究人员已经运行过一个类似的集合预测，集合中的每个模型都表明，在未来的几十亿年里地球不会被抛出太阳系。[5] 因此，这一潜在危机的概率可以被确定为无限接近于 0（但严格说来，不等于 0）。唯一值得注意的危险是，其中约 1% 的模型预测，水星运行轨道的偏心率可能会进一步增大，甚至在数十亿年里有可能与金星相撞。

这是我们第一次应用集合预测方法。由此可知，地球被抛出太阳系的概率极低。然而，类似的集合预测也告诉我们，地球有一定的概率会被一颗足以摧毁像伦敦这样的大城市的小行星撞击。正因如此，有关人士才会竭尽全力监测这一类小行星带来的威胁。[6]

遍布所有科学的混沌理论

庞加莱去世后，哈佛大学的数学家乔治·伯克霍夫（George Birkhoff）接手了相关工作，成为世界上研究引力 n 体问题的权威专家。20 世纪 30 年代，伯克霍夫招收了一位天赋颇高的学生洛伦茨。洛伦茨之前在附近的一所新英格兰常春藤盟校学习数学，当时正准备开始攻读硕士学位。洛伦茨在伯克霍夫的指导下研究的数学课题并非引力 n 体问题，而是与黎曼几何这一领域有关。然而，伯克霍夫的一些思想似乎影响了年轻的洛伦茨，在 20 世纪 60 年代初，后者得出了在混沌理论乃至整个科学领域最重大的发现之一，即混沌理论中的分形几何。

洛伦茨原本计划成为一名数学家，但第二次世界大战的爆发打乱了他的计划。他不得不考虑如何更好地运用他的数学才能为战事服务。由于从小就对天气变化很感兴趣，他报名参加了一门针对气象学家的战时培训课程，并成为太平洋战场上的一名随军气象预报员。

战后，洛伦茨本有回到哈佛继续研究数学的机会。然而，战时工作重新点燃了他对天气现象的兴趣。于是他转换了研究领域，到麻省理工学院攻读博士学位，研究一些战后立即兴起的以物理学为基础的天气预测新模型。在完成了麻省理工学院的博士学位和加州大学的博士后学位后，1956 年，洛伦茨在麻省理工学院获得了一个终身职位。他的工作包括带领一组研究人员，探究是否有可能预测一个月或更长时间之后的天气状况。

当时，人们对天气的预测能力仅限于一两天之内。那个时代的一些顶尖的统计学家向洛伦茨指出，长时段的天气预测从原理上讲是一个易于攻克的问题。假设有个人想预测一个月后的天气状况，他只需翻找气象档案，从中找出一幅看上去与当天的气象图相似的气象图，即所谓的模拟法。这里所谓的对下一个月的天气预测，仅仅是找出模拟气象图后一个月出现在档案中的气象图而已。

这种方法在实践中并不奏效。不过，统计学家辩称，这仅仅是因为档案库不够大，不能提供足够近似的模拟图。他们表示档案库得到扩充之后，研究人员就会发现模拟法开始奏效。但洛伦茨对此持怀疑态度。洛伦茨认为，要让模拟预测以这种方式工作，天气必须像电影《土拨鼠之日》（Groundhog Day）所呈现的那样具有周期性。洛伦茨凭借直觉认为，计算天气的方程不会支持这种周期性。实际上，他的预感也正是庞加莱用三体引力问题所证明的判断。

天气变化与行星运动有两个重要区别。其中之一是与仅有少量的行星和卫星的太阳系不同，大气层是一个湍流流体，含有数以万亿计的大大小小的涡旋。[7] 如果就此询问当时大多数的气象专家，他们会像洛伦茨一样，对大气是否会重复出现同一种状态持怀疑态度。然而，这些专家会辩解说，大气的非周期性是因为它是一个非常复杂的多维系统，其中含有众多上至行星级别、下至分子规模的相互作用的涡旋。换句话说，一直以来，人们认为，大气层的复杂程度是其不可预测性的根源。在当时的专家看来，随着天气方程的不断简化，这些简化的方程将会给出具有周期性和可预测的天气变化。

洛伦茨想尝试用他攻读博士期间开发的、以计算机为工具的天气预测模型来验证他的直觉，即天气不可能反复出现同一种状态。然而，这些模型的复杂性衍生了一个实际的问题。研究人员可以将一个模型运行至 100 年后，

并得出结论说它所模拟的天气没有出现重复。但也许存在一种可能性，从
101 年至 200 年的天气恰好是对第 1 年至第 100 年的精确重复。[8]谁又能说
得准呢？

在思考这个问题时，洛伦茨想到在只需用很少的几个方程来描述的简化
系统中是否会发现非周期性。他的这个想法源自哪里？它来自在计算机上运
行简化的天气模型的实践经验，还是三体引力问题是非周期性的这一事实？
洛伦茨在半传记性质的著作《混沌的本质》（*The Essence of Chaos*）中提到，
尽管曾与伯克霍夫一起工作，但他对庞加莱的研究并不熟悉。[9]因此，我们
只能推测，他是根据自己运行天气模型的经验提出这一假设的。

总而言之，洛伦茨是对的，而气象专家们是错的。洛伦茨不断进行简
化，最终设计出一个仅以 3 个方程及 3 个变量为基础的流体运动数学模型，
其中的 3 个变量通常被标记为 X、Y 和 Z。这实际上是一组比三体引力问题
更简单的方程，因为在三体引力问题中，每颗行星都需要 6 个变量来标定，
即 3 个空间坐标位置和 3 个速度分量。

洛伦茨模型是如此理想化，以至于将其中的 3 个变量与特定的流体量
联系起来不再有多大意义，尽管人们可以造出一个其运动由洛伦茨方程描
述的水车。[10]因此，我们只需把 X、Y 和 Z 看成随时间变化的变量。在某个
特定的时刻，这些变量可以由 3 个数字描述，例如，$X = 3.327$，$Y = 5.674$，
$Z = 0.485$。洛伦茨方程可以描述这些数字将如何随时间演变。这些方程使用
了微积分这一先后由现代物理学之父牛顿和德国数学家、哲学家和工程师
莱布尼茨独立发现的数学工具。借助微积分，X、Y 和 Z 的时间变化率可以
用 X、Y 和 Z 的当前值和各种固定参数来描述（见图 1-2）。对于牛顿或莱布
尼茨来说，洛伦茨方程其实是很容易理解和识别的 3 个所谓的非线性微分
方程。

图 1-2　被当作艺术品展示的洛伦茨方程

　　"非线性"这个词在这里是至关重要的。非线性系统是指输出与输入不成正比的系统。假设你不是一个特别富有的人，如果你因为中彩票而赢得了100万美元，你一定会欣喜若狂。如果你赢得的是200万美元，你的兴奋程度会变得更高，但很可能达不到赢100万美元时的2倍。即使你有幸赢得了1 000万美元，你的兴奋程度也不可能相应地变为10倍。如果你恰好非常富有，那么把数额换成10亿美元起跳，上述判断依然成立！这就是非线性。一个人的幸福感（输出）并不与彩票的中奖金额（输入）成正比。就洛伦茨系统而言，如果X、Y、Z变量的值增加1倍，它们的时间变化率并不会随之倍增。人类个体也像洛伦茨方程那样是一个非线性系统。控制洛伦茨系统的方程如果是线性的，那么这个系统将可以被预测。

在 20 世纪 60 年代初的计算机上解这些方程是一项具有挑战性的任务。然而，由于只有 3 个变量，洛伦茨可以让这些模型运行足够长的时间，从而最终意识到模型的状态永远不会出现重复。我将在下一章中论述他是如何认识到这一点的，这个发现可称得上 20 世纪最伟大的科学发现之一。1963 年，洛伦茨最广为人知的论文发表在《大气科学杂志》(*Journal of the Atmospheric Sciences*) 上，宣告了"决定性的非周期流"。[11] 如前所述，"非周期性"意味着不重复。由于这篇论文发表在一本如此"小众"的杂志上，又过了 10 多年，数学界才接触到它，混沌科学的爆发也因此被相应地推迟了。

但是，洛伦茨模型最著名的特征不是它的非周期性。它的知名度源于非周期性衍生的一个结果，而洛伦茨本人最初也没有完全理解这一特征。

洛伦茨曾经提到，他试着在计算机上重复一次模拟演算，目的是让计算机更快速地输出数据。他从之前通过计算机打印到纸上的数据中取出一些数值，并重新启动计算机，由这些数值开始重新初始化该模型。在喝完一杯咖啡后，洛伦茨注意到再次输出的 X、Y 和 Z 的值与计算机早些时候输出的原始值没有任何关系。洛伦茨所遇到的情况可见图 1-3。起初，他以为计算机出了故障，因为早期的计算机内部的电子管经常发生故障。但他很快意识到这不是问题所在。真正的问题在于打印机没有以"机器精度"记录这些变量，只打印出它们的前几个数位。例如，假设其中的 X 量的精确值为 $X=0.506\,127$，但打印机只会打印出 $X=0.506$。当用 0.506 而不是 0.506 127 启动模型时，这最终会导致 X、Y 和 Z 在一段时间后得出的数值产生很大差异。

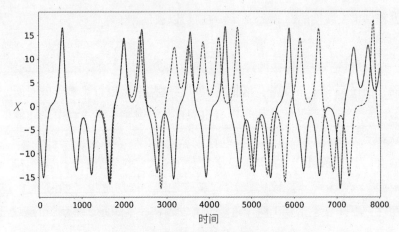

图 1-3　洛伦茨模型中的混沌状态

两个非常接近但并非全然一致的初始条件最终导致了完全不同的发展路径。混沌通常就是被这样描述的。然而，这种现象的背后还埋藏着更深层次的原理。

　　这种"对初始条件的敏感性"就是人们熟知的"蝴蝶效应"。然而，从某些角度来看，这实际上是一个不恰当的命名。蝴蝶是一种体形小巧的生物，显然比天气系统要小得多。而洛伦茨模型只有 3 个变量，不具备空间维度的概念。它如此简单，以至于无法对天气做出描述，当然也无法描述蝴蝶。具体地说，洛伦茨模型无法描述小尺度误差如何影响大尺度的天气系统。它所能做到的只是描述一个小振幅的误差如何演变成一个大振幅的误差。在第 3 章中，我将从由小尺度误差成长为大尺度误差的角度来研究蝴蝶效应。我们会发现某些比此处展示的混沌科学更令人震惊的事实。

　　从某种意义上说，图 1-3 与图 1-1 分别展示的混沌现象并没有太大不同。在图 1-1 中，那些行星的位置是不可预测的，而在图 1-3 中，洛伦茨方程中的抽象变量也是不可预测的。人们可能会好奇，在某种程度上，较早出现的庞加莱的理论是否可以描述洛伦茨提出的混沌现象？

　　答案是否定的。洛伦茨提出的混沌现象与庞加莱提出的混沌现象之间有一个非常重要的不同，现实世界中的流体是有黏性的。如果某种流体的黏性很大，那么它就会像糖浆一样黏稠。黏度是流体中的一种内摩擦，使其能抵抗流速的小范围梯度变化。实际上，黏度将流体速度的小范围变化转化为分子的随机运动，进而转变为热量。这个过程被称为能量耗散。现实世界中的所有流体，例如水或空气，都或多或少具有黏性。

　　想象一下，水箱中静止的水突然被一支桨猛烈地搅动。桨在移动时激起的动态漩涡会以桨为中心向外散开。然而，一旦停止搅动，由于黏度的影响，这些漩涡便会逐渐消失。流体恢复到静止状态，但由于黏度引起的能量耗散，它的温度要比以前稍微高一些。如果录制下这个过程并倒放，我们会看到一幅非常不真实的景象：在远离桨的流体中出现了一些微小的涡旋，它们不断地汇聚到桨上。在这个倒放的视频中，桨的运动看上去是由流体的轻度均匀冷却提供动力的。这个判断与热力学第二定律相悖，因为该定律指出均匀的低温热源是不可能以这种方式转化为功的。由于视频中逆转时间的运动是不可能发生的，控制黏性流体运动的方程在时间上是不可逆的，也就是说，视频和流体方程在时间维度上都只能往一个方向运行。

　　相比之下，行星运动控制的方程在时间上是可逆的。如果我们录制下行星绕太阳运动的视频并倒放，行星的运动不会违反物理定律。从某种意义上说，行星之所以按照这种方式围绕太阳旋转，只是凑巧而已。

　　洛伦茨认识到，将时间不可逆性纳入他的方程是至关重要的。他的判断是对的。**时间不可逆性对于生成混沌的几何形态至关重要，而这正是本书的核心之一。**

　　在流体运动中看到的不可逆性远比在行星运动中看到的可逆性更常见。

把一个玻璃杯摔到地上,它会摔成数百个碎片。这个过程不可能逆转。婴儿渐渐长大,最终成为一个成年人,这同样是一个不可逆转的过程。人们可以轻易地搅拌蛋液,但无法将其还原为蛋白和蛋黄。这样的例子还有很多。但是,什么才是这种不可逆性的根源?科学家被这个问题困扰了好几个世纪,因为牛顿提出的运动定律或薛定谔提出的量子力学方程本身是时间可逆的,正如电影既可以实现正向播放,也可以实现逆向播放。大多数科学家就此给出的解释是:宇宙一定始于大爆炸时期的一个异常有序的状态。也就是说,现实中的不可逆性是由特殊的宇宙初始条件引起的。在第 11 章中,我将尝试用混沌的几何形态对此给出一个不同的解释。

尽管庞加莱和洛伦茨在研究混沌时使用了牛顿提出的微积分,但微积分本身并不是混沌理论的必要构成部分。在结束本章之前,我想用一个非常简单的案例来说明何为混沌,这个案例由物理学家和生态学家罗伯特·梅推广,并应用于人口增长领域,而且没有使用微积分。

假设亚当和夏娃生下 4 个孩子,其中有两个男孩和两个女孩。在第二代,每一对成年男女也生育 4 个孩子,那么每一代的人口规模都将倍增,即 2、4、8、16……在梅之前,人们普遍认为人口将会持续地增长,直到最终进入一个与有限的环境资源相适应的稳定状态,再不然就是呈现出周期性的波动。因此,当观察到某些物种的种群规模出现不规则波动时,以往的生态学家认为这一定是在外部因素的作用下环境资源发生了改变的缘故,比如说受到了气候的不规则波动的影响。

然而,通过一个非常简单的方程,梅证明了情况并非一定如此。[12] 根据某一代的人口规模,梅的方程可以算出下一代的人口规模。[13] 每一代的人口规模都可以用一个简单的计算器来计算,这个方程就是如此简单。梅的方程包含一个名为 a 的自由参数。它描述的是每一个成年人在人口增长的初期阶段平均生育后代的数量。以亚当和夏娃为例，$a = 2$。然而，在人口规模扩大到一定程度后，其增长就要受到环境资源的限制。在这种情况下，人口可能会突然下降到较小的值，然后再次开始增长。梅所提出的一个发现是，如果 a 的值超过 3.57，多代之后人口的增长将会进入混沌状态，即繁荣和衰退的周期会不规则地交替出现。这个发现有两个含义。首先，与洛伦茨模型中的变量一样，人口会在没有任何外部环境资源驱动的情况下非周期性地波动。其次，这些波动也像洛伦茨模型中的波动一样，非常难以预测，它们对人口规模的初始条件非常敏感。

以这种方式，混沌理论对生态学产生了重大的影响。事实上，经过这么多年，混沌理论几乎影响了科学的每一个分支，除了天文学、气象学和生态学，它也深刻影响了化学、工程学、生物学和社会科学。不过，在量子物理学领域，混沌理论还没有产生特别大的影响。[14] 其中的原因很简单。控制量子力学体系发展的基本方程，即薛定谔方程，是一个线性方程。因此，这个领域并没有展示出我们之前讨论的对初始条件高度敏感的特性。有一种观点表示，因为人们期望行星运动、天气乃至人口动态应该在某种程度上受量子力学的支配，尽管实际上没人能证实这一点，混沌其实只是一个不确切的概念，而天气的不确定性最终要归因于量子的不确定性，而不是混沌。我的观点与之完全相反。**我相信混沌才是量子物理动力学方程的基础。行星系统和天气具有混沌特性，正是因为混沌是宇宙基本动力学的特性之一。**在下一章中，我将说明为什么我的观点是与薛定谔方程的线性特征相符合的。

THE
PRIMACY
OF DOUBT

第 2 章

——

混沌的几何，
理解量子物理的奥秘

虽然牛顿能够理解洛伦茨方程，而且这些方程正是用由他创立的微积分来呈现的，但他显然完全没有意识到从这些方程中可以衍生出一种特殊的几何形式。

对牛顿而言，"几何"就是欧几里得几何的简称，由约公元前 300 年出生于古城亚历山大的古希腊数学家欧几里得所创立。鉴于牛顿所接受过的自然哲学家训练，他肯定研究过欧几里得的开创性著作《几何原本》。欧几里得在书中谈到过圆锥的横截面。椭圆，作为其中之一，能够完美地描述行星绕太阳的运动。

椭圆体现着欧几里得研究的众多几何图形的一个特征。在纸上画出一个椭圆，并用放大镜放大其中任何一部分，当使用的放大镜的倍数足够大时，任何一小段曲线看起来都与直线无异。同理，放大一个椭圆体的表面，当使用倍数足够大的放大镜时，这种形似鸡蛋的二维图形表面的任何一个微小部分看起来也与平面无异。爱因斯坦的广义相对论认为时空是一个弯曲的四维空间。时空的曲率通过三角形的内角之和不等于 180° 这一事实得到体现，然而，如果你将时空的任一区域放大到足够大的程度，它看起来就像是平的。足够小的三角形的内角之和几乎可以等于 180°。

这些例子表明，使几何体成为椭圆、椭圆体或广义相对论方程的解具备的那些独特的性质，它们一旦被放大镜放大到足够的倍数，在某种程度上就会变得模糊不清。如果将其看成独立空间，这些几何对象又被称为"局部欧几里得"空间。但是，无论你选择放大它们的哪一个部分，洛伦茨方程产生的几何形状的特性在放大时都不会消失。这对牛顿以及那些研究欧几里得《几何原本》的数学家和科学家们来说是一个完全陌生的观念。即使对于洛伦茨本人来说，基于微积分的简单方程组产生了这样奇特的几何形状，也是一个相当令人震惊的想法。他花了很长时间才真正认识到自己发现了什么。

在我看来，洛伦茨真正伟大的发现并不是蝴蝶效应，而是混沌的分形几何，毕竟前者已经隐含在庞加莱的工作之中。正如我们所见，这种几何学的影响贯穿本书始终，涉及现代数学、气候变化、量子物理、自由意志乃至意识等方方面面。

洛伦茨吸引子与蝴蝶效应

洛伦茨模型只有 X、Y 和 Z 3 个变量，这使得人们可以非常方便地运用它。我们可以在洛伦茨的由标记为 X、Y 和 Z 的 3 个直角轴定义的"状态空间"中标定一个点，就像在由通常标记为 X、Y 和 Z 的 3 个直角轴定义的普通的三维物理空间中绘制一个点一样。

状态空间的概念在这本书中有重要的地位。因此，我想给出一个简单的例子来加以说明。假设你要买一条裤子，那么你就要首先确定裤长、腰围和颜色。我们假设颜色只选择某种灰色。一条特定的裤子可以表示为抽象空间中的一个点，其中一个坐标轴描述裤长，一个坐标轴描述腰围，剩下一个坐标轴描述灰色的深浅。我们可以将这个三维空间称为"裤子状态空间"（见图 2-1）。裤子状态空间与一般的三维空间并无差别。假设你还考虑选择裤子的材质，如羊毛、聚酯或混合纤维等，那么你就需要第 4 个维度来表示材质。裤子状态空间因此变为四维，这样的空间无法在一本实体书中用图形展现，但很容易理解。也就是说，状态空间的维度数等于你所要描述的物体的独立变量数。

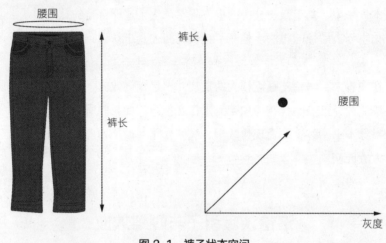

图 2-1　裤子状态空间

　　弦理论认为人类所处的物理空间并不是三维，而是十维或十一维。与之相比，多维状态空间并无什么神秘或难以理解之处。如果你对现实物理空间和状态空间之间的差别感到困惑，只需回想上面的裤子例子就可以。

　　再来看另一个例子，假设存在一个有 3 个受引力束缚的天体的状态空间，其中每个天体都有其位置和速度。在三维物理空间中，我们要用 3 个数值描述位置，另外 3 个数值描述速度，分别是该天体相对于 X、Y 和 Z 轴的速度。这意味着描述 3 个天体的位置和速度所需的独立变量的数量是 3 加 3 的 3 倍，即 18，也就是说，3 个天体的状态空间维度为 18。[1]十八维空间难以直观想象，但从概念上来说，它并不是特别复杂。

相较之下，天气的状态空间维度要大得多。如果将大气中的所有气旋考虑在内，天气状态空间的维度远远超过我们当前和可预见的未来可能出现的计算机所能表示的范围。现代天气预测模型的状态空间的维度已经超过 10 亿。这已是一个极大的数字，只有通过现代的超级计算机才能处理，但它与真实的天气状态空间的维度相比仍然是个小数目。[2]

试着想象整个宇宙的状态空间，这个空间包含了组成所有恒星、星系和星系团的原子。它的维度之大是令人难以置信的。但只要这是一个有限数字，从理论上说，这个空间并不比四维的裤子状态空间更难以理解。

我们再回头看洛伦茨的三维状态空间，在这个空间中选择一个点作为洛伦茨方程的初始状态。借助计算机，我们可以在一段时间内求解这一方程。这个解答描绘了状态空间中随时间变化的一系列的点，每个点都对应着一个具体时刻。如图 2-2 所示，这些点连成的曲线描述了 X、Y 和 Z 的变化趋势，被称为状态空间轨迹或简称为"轨迹"。

如果洛伦茨模型确实具有周期性，比如重复性，而只要我们让状态空间轨迹持续足够长的时间，这条轨迹就会最终返回由黑色圆点表示的初始点，形成一个闭环。这代表这些状态将不断重复。

图 2-3 描绘了当方程运行很长时间后洛伦茨模型的轨迹呈现出的形态。现在，这个形态具有很高的知名度。从任何一种状态开始，你最终都会得到这种形态。模型轨迹似乎总是会形成这种由两个叶片构成的独特形状，仿佛受到状态空间中的这个几何体吸引一般。这个几何体因此被称为"吸引子"。有趣的是，它的外观有点像蝴蝶，但这一关联只是一个巧合。

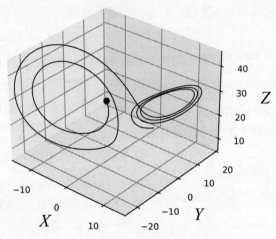

图 2-2　洛伦茨状态空间的一段短轨迹

初始点以黑色圆点表示，可以任意选择。状态空间轨迹揭示了 X、Y 和 Z 随时间的变化，其数值是通过计算机求解洛伦茨方程得出的。

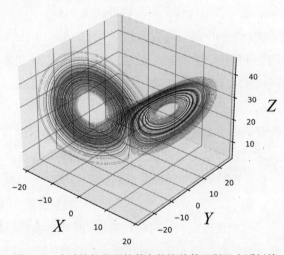

图 2-3　由计算机呈现的著名的洛伦茨吸引子之近似值

无论从状态空间的哪一处开始，洛伦茨方程的轨迹都会越来越接近这个吸引子。我们可以说吸引子是洛伦茨方程的一个突出特性。洛伦茨希望自己能够回答如下的关键问题：这个吸引子的几何形态是什么？它是一个立体物还是一个复杂的折叠平面？洛伦茨最终证明两者都是错误的，它的几何形态只能是分形的。

　　洛伦茨想要解答的问题是：这个吸引子的基本几何是什么？它是某种欧几里得几何吗？有一种可能性是，如果计算机可以将洛伦茨模型永远运行下去，那么图 2-3 中出现的所有缝隙都将被填满，从而形成一个实心的，也许可以用一块实木雕刻出来的三维实体。

　　然而，洛伦茨发现这种可能性是行不通的。这恰恰体现出洛伦茨模型中时间不可逆性的重要性。如上一章所述，洛伦茨模型对能量耗散进行了简洁而明确的描述，因此洛伦茨方程具有时间不可逆的特性。这种特性决定了洛伦茨方程与庞加莱所研究的行星运动方程有着显著的不同。在能量耗散不可逆性的影响下，设定初始条件的三维状态空间中的固体球，经由洛伦茨方程，最终会收缩到零体积。而从另一角度看，由于洛伦茨方程的混沌特性，初始的三维球在吸引子上的分布会是均匀的。这意味着吸引子的体积严格为零。

　　一个二维曲面的体积恰好为零。那么，吸引子是否就是二维的呢？我们是不是可以像折纸一样，通过仔细地折叠二维平面来形成这个吸引子，而不是用木头将它雕刻出来？洛伦茨根据由庞加莱本人证明的数学定理排除了这种可能性。庞加莱 - 本迪克松定理（Poincaré-Bendixson theorem）表明：如果一个吸引子是二维的，如我们在上一章所描述的那样对初始条件高度敏感，并且位于状态空间的有界区域内，一如洛伦茨吸引子那样，那么状态空间的轨迹应该在某处与自身交汇。然而，如果方程是确定性的，这种交汇就不可能出现，因为确定性意味着状态空间的一个初始点会随时间的演变而变为另一个点，但不可能转化为两个不同的点。

　　那么，吸引子会不会只是一条封闭的一维曲线，其轨迹终将闭合，形成一个盘旋的圆环？但若真是如此，吸引子的模型就应该是周期性的，而该模型的计算机输出结果否定了这一可能性。[3]

吸引子的真正形态是什么？如果它既不是三维的，也不是二维的，甚至不是一维的，那又会是怎样的呢？洛伦茨在很长时间里对此深感困惑。我完全能够理解他的挫折感。他意识到自己发现了某个非常重要的真相，却无法精确地把它描述出来。

答案其实可以在 19 世纪德国数学家乔治·康托尔（Georg Cantor）的研究中找到。康托尔是集合论这一数学分支的奠基人。乍看上去，集合是一个相当简单的数学概念，即所表示的对象的集合。例如，集合 {1,2,3,4} 是由 1 到 4 的整数的集合。"世界上所有国家"这个集合的元素是每一个单独的国家。然而，当设想一个包含无限个元素的集合时，例如包含所有正整数的集合，我们可以将其写成 {1,2,3, …}。从数学的角度看，这就变得很有趣了。尽管所有正整数的集合是无限大的，但正如康托尔以精确的方式证明的那样，它远不及由所有数字构成的集合大，后者不仅包括整数和如 2.4、6.97 一类的分数，还包括 $\sqrt{2}$ 和圆周率 π。2.4 和 6.97 可以表示成分数 24/10 和 697/100，但 $\sqrt{2}$ 和 π 不能这样表示，它们因此被称为"无理数"。无理数在计算机中无法用有限数位来表示。包括无理数在内的所有数的集合被称为"实数"。正因为无理数的存在，实数集合的总和远远大于整数或有理数的集合。

实数集与欧几里得几何之间存在着密切的关系。画一条长 10 厘米的线，线上的每个点都表示 0 到 10 的一个实数。0、1、2……这些整数分别对应着与一个端点相距 0 厘米、1 厘米、2 厘米……的点，数字 π 则对应着与一个端点相距大约 3.14 厘米的点。

因此，一条线就等于一个一维的集合。有人可能会认为，所有包含与实数集同样多的点的集合至少也是一维的。然而，康托尔构造了一个集合以及相应的几何形式，从而证明了这种直觉式的想法是错误的。康托尔因他的观点受到了同行们的批评。伟大的庞加莱甚至说，后世的人会将康托尔的工作看作"已经克服的一种疾病"。[4]具有讽刺意味的是，庞加莱当时并没意识到康托尔的工作对于理解他自己所开创的混沌理论有多么重要。最终，大量的批评导致康托尔陷入抑郁，一蹶不振。在康托尔逝世 40 年后，洛伦茨终于意识到康托尔观点的重要作用。现在，康托尔终于获得应有的地位，被公认为是数学界一位伟大的先驱。

　　如图 2-4 所示，康托尔集合可以通过一系列步骤来创建，这些步骤是基于一个简单规则的重复迭代。首先从一根表示 0 到 1 的实数的线段开始，在每次迭代中，去掉线段中间的 1/3，但保留剩下的两根较短的线段的端点。这个过程可以无限次地进行，最后得到的康托尔集合是所有迭代中保留下来的点的集合。令人惊讶的是，尽管在每个步骤中都去掉了许多个点，但康托尔证明这个集合中的点仍然与初始线段上的点的数量相同。因此，从某种意义上说，康托尔集合是巨大的，其中的点的数量远远多于实数集。而从另一种意义上看，它又是微小的，因为在初始线段上随机从 0 到 1 选择的点属于康托尔集合的概率实际上是零，也就是说，它有"零测度"。

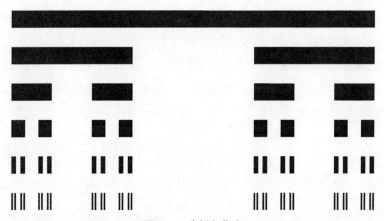

图 2-4　康托尔集合

康托尔集合让我想起了 BBC 推出的经典科幻剧《神秘博士》(*Doctor Who*) 中的宇宙飞船。没有看过这部剧的人可能不知道，从外观上看，神秘博士的宇宙飞船酷似 20 世纪 50 年代小而简朴的警用电话亭，但当你进入其中，你就会发现它的内部异常广阔，而且富丽堂皇。同样地，从外部看，康托尔集合的测度为零的性质使它显得很微小，但实际上，它包含了一根连续线段上的所有的点，因此从内部来看非常庞大。这个独特的性质具有极为重要的意义。

我们可以明显地看到，康托尔集合的几何特性与我们之前讨论的欧几里得几何截然不同。不管将康托尔集合放大多少倍，我们都能看到一个重复的结构，即片段丢失后的小的间隙。无论康托尔集合的几何结构是什么，它都绝不会是局部欧几里得。

那么，我们应该如何描述与代表实数的线段不同的康托尔集合呢？其中一种方式就是引入维度的概念。例如，一个包含有限个点的集合被认为是零维的。直线是一维的，曲面是二维的，实体则是三维的。爱因斯坦相对论中的时空被视为一个四维结构，至于我们讨论过的受引力束缚的三体问题中的无约束状态空间，它是十八维的。为了描述康托尔集合，我们可以扩展维度的概念。依此定义，康托尔集合的维数介于 0 和 1 之间，大约为 0.631 5。[5] 这种与康托尔集合相关的几何学又被称为分形几何学，由法裔美国数学家贝努瓦·曼德尔布罗特 (Benoit Mandelbrot) 命名。[6] "分形"这个词实际上是"分数维度"的简称。

康托尔集合是洛伦茨吸引子的核心所在。为了解释这一点，我接下来要描述一组与洛伦茨方程相似但更简单一些的分形吸引子方程，即勒斯勒方程。

　　德国生物化学家奥托·勒斯勒（Otto Rössler）发现了这 3 个方程，这是直接受到洛伦茨研究启发的结果。[7] 在所有利用微积分产生分形吸引子的方程中，勒斯勒方程是最简单的一组。勒斯勒吸引子如图 2-5 所示。我像以前一样在图中标记了 X、Y 和 Z 轴，但现在这些变量不再是洛伦茨方程，而是另一组方程的解。

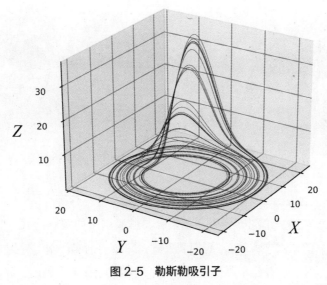

图 2-5　勒斯勒吸引子

与洛伦茨吸引子一样，勒斯勒吸引子也是分形几何。相对于前者，后者与康托尔集合的关系更易于理解。

　　为了理解勒斯勒方程生成分形吸引子的方式，让我们先把吸引子的一部分想象成一个简单的二维平面。勒斯勒方程的作用是将这个平面折叠起来，如图 2-6 中的左图所示。但是，我们无法连接这个平面的两端，因为一端已经被折叠，另一端则没有。而且，由于耗散的存在，折叠后的区域面积比原始的未经折叠的区域略小。现在，想象从一个折叠后的平面开始，如图 2-6 中的中图所示。这一次，勒斯勒方程的作用是创建一个双重折叠的平面。同样地，我们不能把它的两端连在一起。再次想象从一个双重折叠的平面开始，如图 2-6 中的右图所示。现在，勒斯勒方程的作用是创建一个四重折叠的平面。我们依然不能把两端连在一起。这个过程可以一次又一次地重复进行。于是，最初的简单二维平面实际上变成了有无限个分层的千层饼！勒斯勒吸引子在发生无限多次的折叠的情况下，实际上就像一个康托尔集合的千层饼。

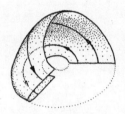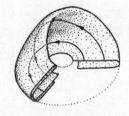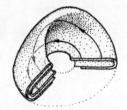

图 2-6 创建勒斯勒吸引子

资料来源：Abraham and Shaw (1984)。

洛伦茨是第一个洞察到康托尔集合是其吸引子的核心的人。他在 1963 年那篇著名的论文中说道："我们观察到，每个表面实际上是一对表面组成的，因此，在它们看起来要合并的地方，实际上存在 4 个表面。如果我们继续这个过程，再进行一轮循环，就会发现实际上有 8 个表面。以此类推，最终我们得出结论，存在一个包含无数个表面的复杂结构，其中每个表面都非常接近两个看似要合并的表面中的一个。"

洛伦茨意识到他的吸引子如同勒斯勒吸引子一样，可以被认为是康托尔集合的曲面值，状态空间轨迹就出现在这些曲面上。这个发现最终使洛伦茨意识到他的模型的状态永远不会重复，轨迹只是从康托尔集合的一个部分移动到另一个部分，但不会重复。洛伦茨吸引子的分形维数为 2.06，具有典型的参数值。也就是说，它仅比二维曲面的维度稍微大一点。然而，多出的这一点点数值对于理解洛伦茨方程的非周期性质特别关键。

这一发现的重要性怎么高估都不为过。在洛伦茨之前，没有人想到基于牛顿微积分的 3 个耦合方程能产生如此非凡的几何图形。[8] 数学家斯图尔特在 1997 年评论洛伦茨的 1963 年的论文时说："当我读到这些文字时，我感到颈背一阵刺痛，头发也立了起来。他知道！ 34 年前，他就知道了……在这一思想为众人所熟知之前，在其他人意识到混沌等令人困惑的新现象存在之前，洛伦茨仅用了 12 页文字就描述出他对非线性动力学中的几个重要思想的预见。"[9]

实际上，又过了 40 年，洛伦茨吸引子才被数学严格地证明是分形的。[10]

让我们回到洛伦茨在不经意间进行的实验：以初始条件的近似值（$X = 0.506$）而不是模型的精确值（$X = 0.506\,127$）为起点来运行他的模型。那么，在不同的初始条件下，是否可以期望所有的初始误差都以相同的速率增长呢？图 2-7 告诉我们，答案是否定的。这只是对混沌理论的初步应用，关于它的重要性我将在本书的第二部分中详细地探讨。

在图 2-7 中，我们假设只知晓大致的初始条件。真实的初始状态位于一个小的环状区域的某处，但我们并不知道确切的地点。图 2-7 描绘了当这一初始环处于洛伦茨吸引子的 3 个不同位置时，它会随着时间推移发生怎样的变化。

若初始环位于图 2-7（a）显示的吸引子位置，即使环从吸引子的一个叶子展开至另一个，不确定性也并未增加。在这种情况下，可以确信真实的状态将从吸引子的左叶转移到右叶。

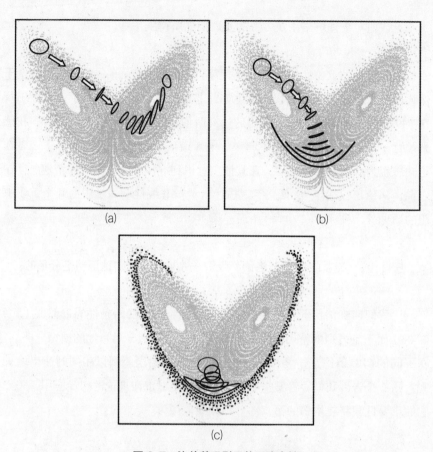

图 2-7 洛伦茨吸引子的不确定性

初始环状区域表示初始状态中的不确定性。环的变化取决于其在吸引子上的位置。
在图（a）中，代表不确定性的环几乎没有变化。在图（b）中，这个环变形为细长
的香蕉或飞镖形状，表明状态在一段时间之后是否会从左叶过渡到右叶仍存在不确
定性。图（c）展示了在吸引子上的状态在一段时间之后的位置是极度不确定的。

再来看图 2-7（c）所示的初始环，随着时间的推移，不确定性确实在
增加。这个环逐渐形成了扭曲的香蕉或回旋镖的形态。若要判断真实状态是
否会转移到吸引子的右叶，我们只能合理地推断出向右叶转移的可能性大约
是 40%，而留在左叶的可能性则是 60%。

当初始的不确定环位于图 2-7（c）所示的吸引子位置时，不确定性则急剧上升。此时我们无法确定真实状态是留在吸引子的左叶还是右叶。依赖确定性预测方法，我们的预测极有可能完全错误。

我们再来回想之前提及的丢失马蹄钉的故事。假设我们能运用混沌理论来模拟王国的动态变化，我们可以设想最初的不确定性是指马蹄钉是否会丢失，再假设在洛伦茨吸引子的左叶状态下，国王可以保有他的王国，而在右叶状态下，国王将会失去王国。

这样一来，当出现如同图 2-7（a）所示的情况时，国王注定会失去他的王国。无论马蹄钉是否会丢失，王国都注定要覆灭，原因或许是国王的庸碌无能。相较之下，当出现图 2-7（c）所示的情况时，国王是否会失去他的王国，关键在于马蹄钉尚不明确的状态。整个寓言想要揭示的正是这种境况下的潜在危险。

图 2-7 是本书的关键插图之一。不确定性的演变与其在吸引子上的初始位置有着极为重要的关系，这一特性由其基础方程的非线性特性决定。[11] 这也解释了为什么在预测英国 1987 年风暴和 2008 年金融危机等事件时，达到精确预测是如此的困难。

当系统进入一个极不稳定的状态时，集合预测系统能给出警告，在这种情境下可能会发生重大变化，尽管不一定确实如此。

看到此处，数学家可能会发问，是否存在可以描述这些"香蕉"或"回旋镖"如何从图 2-7 所示的简单环演变而来的方程。答案是肯定的。它被称为刘维尔方程，以 19 世纪法国数学家约瑟夫·刘维尔（Joseph Liouville）的名字命名。[12] 事实证明，刘维尔方程与量子力学的基本方程薛定谔方程非常近似。

刘维尔方程与薛定谔方程一样，都是线性的。这意味着什么呢？之前提到，我们 100% 地确定"真实"的状态位于不确定性的初始环中，但是假设只有 80% 的把握认为"真实"的状态位于这个初始环。在这种情况下，"真实"的状态未来存在于演变中的"香蕉"或"飞镖"中的可能性也只有80%。因为刘维尔方程的线性性质，我们才可以如此缩放概率。

在早期关于概率性天气预测的论文中，有人提议气象学家应当通过求解刘维尔方程来预测天气的不确定性。[13]但实践证明，这个方法完全不切实际。事实上，哪怕是基于简化的洛伦茨方程的模型，直接求解刘维尔方程也颇为困难。这是因为随着预测时间的推移，概率的轮廓形态变得愈发复杂和变形。相比之下，利用集合方法来估计概率要简单得多。

再来观察洛伦茨吸引子的另一特征。图 2-8（a）所示的长时间序列描绘了洛伦茨模型中 X 变量在一段较长时间里的变化。X 变量在正负区间呈现出不规律的移动，与洛伦茨吸引子左右叶间的混沌摆动相吻合。在该图所显示的大部分时间里，这些不规律的摆动是完全无法预测的。然而，无论初始条件是什么，X 变量取正值的概率与其取负值的概率大致相同。这得益于洛伦茨吸引子的几何对称性。如图 2-3 所示，洛伦茨吸引子左叶与右叶的形态与大小都是完全相同的。

图 2-8（b）所示的长时间序列显示了加强版的洛伦茨方程中 X 变量随时间推移发生的变化。我在该方程的右侧加入了一个常数项。[14]这个额外的常数项可以被看作洛伦茨系统的外部扰动。对于洛伦茨系统这样简单的系统，这种扰动与大气中二氧化碳浓度翻倍的影响相似。

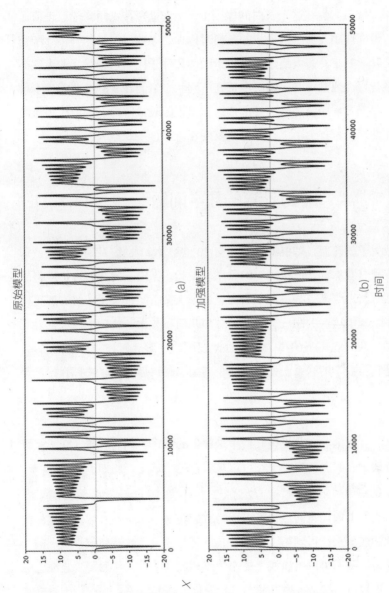

图 2-8　洛伦茨模型在长时间序列中的表现

图 (a) 表示标准洛伦茨模型中 X 变量随时间推移发生的变化。图 (b) 表示加强洛伦茨模型中 X 变量随时间推移发生的变化，加强洛伦茨模型的方程被加入了一个额外的常数项。尽管两个长时间序列中的精确波动都是不可预测的，但处于吸引子的某个叶子的可能性是可预测的。

图 2-8（b）所示的不规则振荡同样是不可预测的，并且与之前一样对初始条件非常敏感。但在这个长时间序列中，X 变量现在更倾向于取正值而不是负值。外部作用改变了吸引子的几何对称性，导致吸引子的一个叶子变大，另一个叶子变小。假设洛伦茨吸引子的两片叶子代表两种对立的天气类型，如温暖与寒冷或潮湿与干燥。尽管在不同状态之间转变的细节仍是不可预测的，但由于方程中新加入的外部作用，出现温暖或寒冷、潮湿或干燥的天气的可能性变得可预测了。在考虑气候变化时，这一观点尤为重要。

不可计算的数学问题

分形吸引子的几何，即混沌几何，与 20 世纪及 21 世纪发现的一些最深奥的数学定理有着深刻且值得关注的联系。由此，洛伦茨的几何真正地将牛顿建立的数学与近年来一些最具创新力、最令人振奋的数学领域的发展连接起来。当我发现了这些关联后，我坚信分形几何在数学和物理学领域都有其核心重要性。我将在本书的第三部分中详细讨论分形几何与物理学的联系，在此先讨论它与数学的联系。如果对这个话题不感兴趣，可以选择直接跳至下一章。

我们来看直线这一欧几里得几何中最简单的形式。如前所述，在一张纸上画一条直线，直线上的每一个点可以被看作一个数字，比如 1、$\sqrt{2}$ 或 π。这条直线上的点也可以代表 $1 + \sqrt{2}$、$\sqrt{2} + π$ 乃至 $\sqrt{2} \times π$ 这样的数字。实际上，从直线上取任意两点，都可以将它们转换为相应的实数。将这样的两个实数相加或相乘，得到第 3 个实数，再将第 3 个实数转换成直线上的一点。也就是说，我们可以将直线上的两个点相加或相乘，从而得到直线上的第 3 个点。这揭示出实数与欧几里得几何之间的深刻联系。

但是，我们能使用实数在康托尔集合上进行算术操作吗？不行！如果我们选择康托尔集合中的两点，将它们转换为实数，再相加或相乘，通常结果不会对应着康托尔集合中的某一个点。这不是因为无法对康托尔集合进行运算，而是因为实数不是一个描述康托尔集合中的点的理想选择。前文曾经指出，分形几何与欧几里得几何在本质上是不同的。因此，毋庸置疑，我们在对分形进行运算时需要另外一种数字系统。

一种被称为 p 进数的数字系统可以对分形进行算术运算。其中，p 代表一个整数。[15] 有些人可能很难想象存在不能由实数描述的数。为了理解实数和 p 进数之间的区别，你可以认为 $\sqrt{2}$ 这个实数可以用十进制格式写成 1.414 213 562 37…，而一个 p 为 10 的 p 进数则要写成…739 620 285.643，其中的省略号指向左侧对应着相关分形的越来越小的碎片。我们最好把 p 进数看作一种新的数字类型，它更适合于描述康托尔集合而不是直线。p 进数的加法和乘法法则与实数的运算法则近似。举例来说，在图 2-4 所示的康托尔集合中，$p = 2$。这个康托尔集合中的每个点都可以用一个二进制数表示。[16] 将两个这样的二进制数相加或相乘，其和或乘积仍然是一个二进制数，并且对应于康托尔集合上的第 3 个点。

康托尔集合还可以被进一步推广为三进制数、五进制数乃至 p 进数的几何表达。例如，图 2-9 显示了一个广义的康托尔集合。它最初是一个二维的圆盘，在第一次迭代中被分解为初始圆盘中的 5 个较小的圆盘。重复这一迭代过程，广义康托尔集合将包含所有迭代的共有的点。该广义的康托尔集合在数学上可以用五进制数描述。就像之前做过的那样，在这个分形集合上取两个点，将它们转换成五进制数，再将这些数字相加或相乘，得到的五进制数会对应着广义康托尔集合中的一个点。[17] 如此一来，很容易通过进一步推理想象 p 为任意值时的 p 进制分形是什么样子。

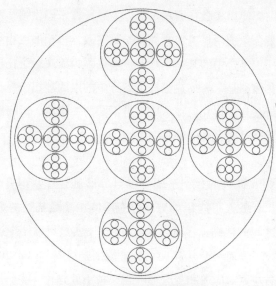

图 2-9　康托尔集合的迭代

该图描述了一个基于迭代的分形，它将一个二维圆盘映射为 5 个较小的圆盘。这个过程对具有两个迭代线段的康托尔集合进行了扩展。正如实线是实数的几何表达，图中的分形圆盘是五进制数的几何表达。p 进数在现代数论中享有举足轻重的地位。

　　纯数学家，特别是数论学家，将 p 进数看作他们的基本工具。数论学家以认识理解整数 {1, 2, 3, …} 的性质为其主要工作。在某种意义上，整数可以被看作所有数字的"量子"。生活在 19 世纪的德国人高斯是有史以来最伟大的数学家之一，他曾经说数学是所有学科的女王，数论则是所有数学的女王。**换言之，数论是一切可量化事物的核心。**

　　数学家安德鲁·怀尔斯（Andrew Wiles）显然看到了 p 进数的重要性。他的成就是于 1995 年证明了费马大定理。费马是 17 世纪法国的杰出数学家，所谓的费马大定理实际上是一个费马自己从未能够证明的有关整数的猜想。[18] 这个猜想在几个世纪里得到无数数学家的关注，在怀尔斯证明它之前，一直是数学界最有名的未解决问题之一。

怀尔斯在证明费马大定理时用到了相当多的数学思想和技巧。不过，怀尔斯用到的最重要的技巧之一是以 p 进数为核心的。

21 世纪最伟大的数论学家之一是德国数学家彼得·朔尔策（Peter Scholze）。2018 年，朔尔策获得了菲尔兹奖，它是面向 40 岁以下数学家的极负盛名的数学奖项。颁奖词称朔尔策获得这一荣誉是因为"通过引入状似完备空间，转变了 p 进数领域的算术代数几何"。朔尔策加入的状似完备空间是分形几何的典范。基于这些背景，朔尔策用 p 进数来描述他的状似完备空间，自然不足为奇。在一次采访中，朔尔策说："现在，我发现实数比 p 进数要复杂得多。我已经非常习惯 p 进制，以至于现在实数会带给我非常奇怪的感觉。"[19]

有人或许会认为，除了欧几里得几何和分形几何，还存在许多不同类型的几何。然而，作为数论中的一个重要定理，奥斯特洛夫斯基定理（Ostrowski's theorem）却指出事实并非如此。如果一个几何图形有一个相关的距离函数，即度量（metric），那么，根据奥斯特洛夫斯基定理，度量在本质上就是局部欧几里得或分形，分别由实数或 p 进数来表达。

我深信数论，特别是 p 进数，今后会成为物理学的核心，从而反映出混沌几何的重要作用。

20 世纪堪与怀尔斯证明费马大定理这一成就相媲美的是库尔特·哥德尔（Kurt Gödel）提出的不完全性定理。后者也与分形几何有关。

逻辑学家、数学家和哲学家哥德尔于 1906 年出生于奥匈帝国的一个城市（现位于捷克共和国境内）。早在移居美国并与爱因斯坦成为亲密无间的同事及朋友之前，哥德尔在维也纳期间就提出了这一著名的定理。哥德尔不完全性定理的核心内容是一个由任意足够自洽的逻辑系统中得出的准则。这是一个奇怪且具有自指性的准则。哥德尔不完全性定理指出如果这个准则可以被证明，它依然可能是错误的。[20] 而我们只能认为任何逻辑系统的原理的持续应用必然会得出真实的结果。为了走出这一两难的困境，唯一的方法就是承认哥德尔所谓的准则在为真的同时却不可被证明。

20 世纪 30 年代，英国数学家艾伦·图灵深入探索了哥德尔不完全性定理，意识到某些数学问题实际上是无法通过运算来解决的，因为它们是"不可计算的"。在第二次世界大战期间，图灵曾领导英国政府设在布莱切利公园的密码破译小组。作为例证，图灵证实了他所谓的通用计算机在原则上无法解决德国数学家戴维·希尔伯特（David Hilbert）数年前提出的停机问题。该问题称，在创建一种算法，并使其在输入某数学命题后，若该命题为真，则该算法会终止运行。当希尔伯特首次提出这个问题时，他坚信没有无解的数学难题，图灵却证明任何运算都不能解决这个停机问题。

英国数学物理学家罗杰·彭罗斯（Roger Penrose）提出了一个大胆的猜想，他认为哥德尔和图灵的不可判定性理论将是尚未被完全揭示的量子引力理论的核心。[21] 彭罗斯因在广义相对论——爱因斯坦的时空几何与引力理论中与时空奇点有关的开创性研究而获得诺贝尔奖。实际上，彭罗斯在深入研究了著名的分形几何体——芒德布罗集（Mandelbrot Set）之后，提出了不可判定性与分形几何的关联，进而提出了分形与量子引力之间的关联。[22]

1993 年，计算机科学家西蒙特·杜布（Simant Dube）进一步证实了不可判定性与分形几何的紧密联系。[23] 他是通过用分形几何构建图灵的通用计算机来证实这一点的。因此，希尔伯特的停机问题这一类不可判定性问题可以被表述为分形几何的问题。杜布在这样做时采用了一种名为迭代函数系统的动态模型[24]，该模型比洛伦茨方程更为简洁[25]。通过迭代函数系统，我们可以得到如图 2-10 所示的谢尔平斯基三角形（Sierpinski triangle）那样的分形图形。该分形三角形与迭代函数系统的关系就如同洛伦茨吸引子与洛伦茨提出的 3 个方程那样。也就是说，无论从何处开始，迭代函数系统最终都只作用于谢尔平斯基三角形上的点。这个三角形正是迭代函数系统的分形吸引子。

图 2-10　谢尔平斯基三角形

杜布证明希尔伯特的停机问题一类的问题其实是在追问一条给定的直线是否会与迭代函数系统的分形吸引子相交。如果可以通过运算确定某条给定的直线是否与分形相交，那么通过是否存在交点，我们就能确定相应的图灵机是否会停止在与该交点相对应的状态。鉴于无法通过运算来决定图灵机是否会停机，我们也无法通过运算来决定这条直线是否会与分形相交。

我将在本书第三部分中讨论如何通过分形几何来理解量子物理中的奥秘。

THE PRIMACY OF DOUBT

第 3 章

———

湍流现象与蝴蝶效应，我们只能预测未来14天的天气

　　观察瀑布中倾泻而下的水流是一件非常迷人的事。瀑布最上方的水流十分平滑，有时人们将这种现象称为"层流"。然而，当水流开始下落时，它分裂成无数的碎片。如果尝试追踪其中一个小水珠的运动轨迹，你就会发现它还将分裂成更小的碎片，而且很快就会因体积实在太小而无法被独立追踪。解释这一类复杂系统的混沌学，与洛伦茨的三变量模型相比，是大致相似还是截然不同呢？在这一类复杂系统中，不确定性的增长就像是在混沌中加入了激素，确定性的数学模型对它们似乎是失效的。其中的重大意义显然不会仅仅局限于研究瀑布。

初始条件的不确定性决定了预测的极限

　　无处不在的湍流现象既令科学家们着迷，也让他们倍感困惑。量子力学的创始人之一海森堡说过一句名言："我见到上帝后，一定要问他两个问题！什么是相对论？什么是湍流？我相信他只能回答出第一个问题！"

　　正如我们将看到的，湍流问题至今仍困扰着数学家们。数学领域最重要的未解之谜之一就是湍流在多大程度上是可预测的。拉普拉斯的精灵能够预测瀑布中一个小水珠的运动吗？它是否会落到地面？还是只能走过瀑布高度的 1/10？任何一位能够提升人类对这类问题认识的学者，都将会获得巨大的奖励以及极高的声望。我将在这一章中说明，之前两章描述的混沌现象仍不足以充分地描述湍流。

20 世纪 40 年代，俄罗斯数学家安德雷·科尔莫戈罗夫（Andrey Kolmogorov）建立了一个描述湍流的数学模型。在他的模型中，湍流流体由一系列相互作用的涡旋组成，其体积可为大、中、小 3 个级别。通过模拟一支巨大的桨搅动水箱中的水或穿透大气的日照使地球上的赤道地区获得更多热量的方式，他向模型中注入最大级别的能量。然后，能量传递的规模不断缩小，最终以增加单个分子的不规则运动的方式被耗散，并表现为流体的总体升温。[1] 前文曾经提到过，耗散效应的特征表现为流体内部形成摩擦的性质，这又被称为流体的黏度。将在本书中多次出现的博学的英国数学家路易斯·弗莱·理查森（Lewis Fry Richardson）对科尔莫戈罗夫的能量串联给出了生动扼要的描述 [2]：

> 大涡生小涡，
> 小涡吞动力，
> 微涡接踵生，
> 至此成黏滞。

图 3-1 显示了含有多个大小不等的涡旋的湍流流体运动。地球大气是一个以湍流为特性的流体系统。大气中等级最高的漩涡被称为急流，即高层大气中快速流动的气流。[3] 飞机在自东向西飞行时要避开急流，而自西向东飞行时则应尽量利用急流。急流的位置不是固定的，而是会以天、月、季度为单位而发生变化。急流并不总是直接自西方向东方流动，有时会出现折向更

高和更低的纬度的大的缓流，很容易让人联想到河流在其奔腾入海的过程中出现的弯折。这些缓流的规模可达 10 000 千米上下。它们可以导致长时间的异常天气。2021 年 2 月，大气急流中的一个缓流导致美国得克萨斯州经历了长达 10 天、前所未有的寒冷天气。同年 7 月，另一个缓流导致加拿大不列颠哥伦比亚省部分地区出现了接近 50℃的创纪录高温天气。

64 位模拟图   a

图 3-1　由计算机模拟的大气湍流

　　急流还可以决定低压天气系统或通常所说的中纬度气旋的发展，生活在中纬度地区的人们日常遇到的降雨和强风都是由它们带来的。中纬度气旋的规模在 1 000 千米左右，在空间概念上比急流中的缓流要小。在气旋内部，暖空气团和冷空气团被所谓的锋面分隔开来，大量的积雨云聚集在锋面附近。会造成暴风雷雨的云团的规模为 10 ～ 100 千米。单个云团内部的气流可能特别活跃，因此飞机穿越云层绝称不上是美妙的经历。在极端情况下，湍急的大气涡旋甚至可能导致飞机坠毁。在体积仅次于云团的涡旋中，存在着体积更小的漩涡，它们虽然没有足够的能量造成飞机的颠簸，但可以被小型气象气球监测到。大的漩涡总是由较小的漩涡构成，这样的过程一直持续下去，就会出现前文提及的流体黏度问题。

　　流体的运动可以由法国数学家克劳德·纳维（Clande Navier）和爱尔兰数学家乔治·斯托克斯（George Stokes）在 19 世纪各自独立提出的纳维 - 斯托克斯方程来描述。这一非线性方程基于牛顿运动定律，用 23 个符号描述地球大气中所有等级的气旋的运动（见图 3-2）。[4]纳维 - 斯托克斯方程基于牛顿定律，因此是确定的，不包含任何不确定或随机的构成。

图 3-2　被当作艺术品展示的纳维 - 斯托克斯方程

　　但是，这个方程似乎生成了某种不可预测性和不确定性，其激烈程度远远超出了本书已讨论过的混沌现象。拉普拉斯的精灵不但无法预测出未来的变化，就连在一段固定长度的时段以外的变化也预测不出。伟大的洛伦茨在发表了有关混沌几何学的著名论文的 6 年后，在另一篇论文中提到了这一惊人发现。洛伦茨在 1969 年发表的论文的摘要中说："得出的命题是，某些具有多个运动维度、从形式上来说是确定性的流体系统，在观测上是无法与不确定性系统相区分的。具体而言，两个最初仅存在由微小的'观测误差'引起差异的系统状态，在一个有限的时间段里将演变为两个如同随机选择的状态一样具有巨大差异的系统状态，**且这个时间段不能通过减小初始误差的幅度而得到延长。**"[5]

　　他的最后一句话非常关键。就上一章所描述的混沌现象而言，初始状态中的不确定性越小，我们能达成预测的时限就越长。换句话说，只要你确定好要达成预测的时限，我就能告诉你初始条件需要达到怎样的精度。然而，洛伦茨于 1969 年发表的论文却指出，当一个复杂系统包含许多在不同维度上相互作用的运动时，无论初始条件达到了多么高的精度，我们都无法预测出在某个固定的预测区间之外会发生什么。在这一情境下，初始条件中不确定性严格为零的状态被称为奇异极限。根据洛伦茨的理论，即使初始条件中的不确定性无限接近于零，我们也无法预测某个时限以外的事。在讨论量子物理学时，我将再次提到奇异极限这一概念。

　　在 1971 年美国科学促进会的一次会议上，洛伦茨用通俗的说法解释了他于 1969 年发表的论文。这次演讲有一个广为人知的标题："当一只蝴蝶在巴西扇动了一下翅膀，这会不会在得克萨斯州引起一场龙卷风？"这就是"蝴蝶效应"这一术语的由来。接下来，我要阐述"蝴蝶效应"最初的含义，它远比本书第 1 章在介绍这一名词时提到的、现今通常使用的含义更激进。[6]

　　为了求解纳维－斯托克斯方程，我们要用到一台性能强大的计算机。而为了利用这台计算机，我们必须先将纳维－斯托克斯方程转换成计算机可识别的形式。为了实现这一目标，我们要将大气划分成许多小的"网格"，从而构建大气的有限数学模型（见图 3-3）。在这种数学模型中，研究人员假定大气的性质是均匀的，不会在比网格更小的维度上出现变化。也就是说，在这个有限的数学模型中，所有小于网格维度的湍流运动都被视作不重要，它们会被由计算机运行的纳维－斯托克斯方程所忽略。换言之，计算机识别的纳维－斯托克斯方程并非它的原始方程，而是一个基于简化的地球大气活动建立起来的数学模型。

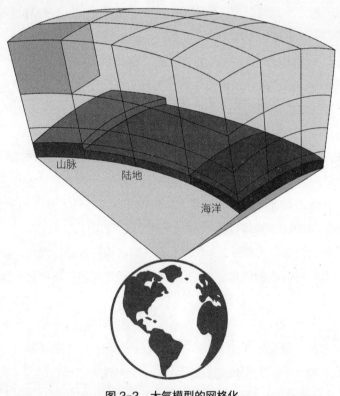

图 3-3　大气模型的网格化

网格的尺寸越小，由计算机运行纳维－斯托克斯方程的精度就越高。然而，当网格越小时，用来解这个方程的计算机的算力就应越强大。在阐述开始前，我们先假设该模型中网格在水平方向上的长度为 100 千米，即几十年前天气预测模型的精度水平。[7]

要预测天气，我们还需要一组对应于某日天气的初始条件。[8] 这些初始条件，即各地的气温、气压、风速、湿度等，是基于当日气象观测数据而确定的。这些数据由遥感卫星和搭载在气象探测气球上的仪器测出。

然后，我们假设研究人员能够得到全球范围内详尽且精确的大气观测数据。不过，这并不意味着天气预测模型的初始条件是完美且没有误差的。如前文所述，大气中低于 100 千米这一维度的所有涡旋必然不会被计入模型的初始条件，哪怕研究人员实际上可能掌握了这些小尺度涡旋的观测数据。受限于预测模型的网格尺寸，研究人员无法将所有低于 100 千米维度的观测数据"同化"到模型的初始状态中。[9]

现在，假设研究人员只想预测 1 000 千米及更高维度的天气系统。此时有人可能认为，在模型的初始条件中遗漏低于 100 千米维度的信息并不那么重要。这种想法是大错特错的。由于湍流的非线性特性，在预测进行期间，这些最初低于 100 千米维度的误差的振幅与空间尺度将不断增长。数天之后，它们就会演变为大型的、1 000 千米级别的预报误差。最终，由于忽视了 100 千米级别以下的信息，关于 10 000 千米级别的急流中缓流的预测也有可能出错。

通常来说，研究人员用基于 100 千米级别网格的预测模型可以预测出未来一周 1 000 千米级别的天气状况。这是个不错的结果，但当要预测未来3 周的天气变化时，我们又该怎么做呢？提升预测时限的途径之一是将网格的单位长度从 100 千米缩小至 50 千米。预测模型中的网格数量将由此倍增，而这意味着研究人员需要配备性能更为强大的计算机。假设研究人员已经获得了一台这样的新型计算机。基于新模型，计算机模型初始条件中的误差现在将被限制在低于 50 千米的水平上，而不是之前的 100 千米的水平。这一变化可以减小初始条件中的误差，并允许研究人员将预测时限再延长 7 天以上。但究竟能延长多久呢？

洛伦茨在 1969 年发表的论文中指出，将预测模型精度提高 1 倍，并不意味着有效的预测时限就会随之延长 7 天。根据科尔莫戈罗夫的理论，他估计模型精度提高 1 倍仅能将预测时限再延长 3.5 天。这是因为科尔莫戈罗夫的理论认为，错误相对于较小的单位会增长得更快。例如，在 1 000 千米级别的大气系统中，一个微小的误差可能在一到两天的预测时限中翻倍，而在 1 千米级别的云团中，同样微小的误差可能在一两小时的预测时限中翻倍。

沿着这一思路，洛伦茨指出，模型的精度每提高 1 倍，预测时限只会增加上一次延长时间的一半。因此，如果研究人员逐步将预测模型的网格的单位长度从 100 千米减少到 50 千米，再到 25 千米，最后到 12.5 千米，对应的预测时限则分别是 7 天、7 ×（1 + 1/2）= 10.5 天、7 ×（1 + 1/2 + 1/4）= 12.25 天，以及 7 ×（1 + 1/2 + 1/4 + 1/8）= 13.125 天。这显然是一个收益递减的过程，随着模型精度的提高，相应的预测时限增益却越来越小。[10]

那么问题来了：如果不断提升模型的精度，直至网格变得无限小，而且在这种情况下，辅以完美的气象观测数据，初始误差自然会随之趋向无限小。鉴于纳维－斯托克斯方程是确定性的，我们岂不是可以预测无限远的未来天气？然而，实际上，我们平均而言最多只能预测 7 ×（1 + 1/2 + 1/4 + 1/8 + 1/16……）天以内的事，该括号内包含无限多个分数项。在极限情况下，可预测的时限为 7 × 2 = 14 天，因为 1 + 1/2 + 1/4 + 1/8 + 1/16……等于 2。**也**

就是说，即使能够获得完美的观测数据，我们最多也只能预测未来 14 天的天气。因此，从原则上说，我们不可能预测出未来 3 周的天气，拉普拉斯的那个无所不知的精灵同样也做不到这一点！这才是蝴蝶效应真正的含义。

但是，蝴蝶效应真的存在吗？鉴于纳维－斯托克斯方程并不涉及量子物理，将误差求至无穷小只是一种想象，更加准确的问题应该是：纳维－斯托克斯方程是否只具有有限的可预测性区间？实际上，我们对此还不能确定。洛伦茨在 1969 年发表的论文中已经充分表明他并没有为纳维－斯托克斯方程的初值问题提供一个严格的证明。他的论证看似合理，但并没有达到数学领域严格论证的标准。因此，在之前引用的论文摘要中，洛伦茨选择的表述是"得出的命题"，而非"被证明的理论"。

现在，50 多年过去了，科学界仍然不能确定蝴蝶效应是否真的存在。弄清楚纳维－斯托克斯方程的这一特性仍然被视为数学领域最重要的未解之谜之一。21 世纪初，克莱数学研究所（Clay Mathematics Institute）将其列入所谓的千禧年大奖问题。[11] 千禧年大奖问题是对德国数学家希尔伯特在 20 世纪初提出的一组数学难题的更新版。[12] 任何解答出某个千禧年大奖问题的人都可以获得 100 万美元奖金。截至我撰写本书的当下，唯一被解决的千禧年大奖问题是庞加莱在拓扑学领域提出的一大猜想。

与之相反的是，从计算机模型所提供的证据来看，蝴蝶效应在实践中似乎是成立的。我们虽然没有足够强大的计算机，无法将网格的单位长度缩小到蝴蝶身长的水平，但是，当网格的单位长度被减小至单个云团大小时，我们就能够发现，大尺度天气预测对这些小尺度云结构中的不确定性极其敏感。再者，平均来说，在预测天气系统的种种变化时，14 天似乎确实是一个极值。

　　此处须提及第 1 章关于天气为何不可预测的讨论。在 20 世纪 50 年代，气象专家们认为大气的不可预测性源于它的湍流性质，以及大气中含有许多大大小小的涡旋。我还介绍了洛伦茨当时凭借直觉提出的观点，他认为即使地球大气仅有 3 个变量，它仍然是不可预测的。

　　两种观点都是对的。1963 年，洛伦茨证实了一个由 3 个变量构成的模型可能是混沌的，因而不可预测。到了 1969 年，洛伦茨的发现证明气象专家们的观点也是对的，一个由许多变量（即大大小小的涡旋）构成的系统可能比由较少变量构成的系统更加难以预测。实际上，变量众多才是地球大气不可预测的关键。

　　为此，我们必须对所谓的低阶混沌和高阶混沌做出区分。这里，"维度"一词是指状态空间的维数，即描述目标系统所需的变量的数量。以裤子状态空间为例，低阶混沌系统的变量数足够少，因此它可以由计算机来呈现。高阶混沌系统中的变量数则非常庞大，因此高阶混沌系统不一定能通过计算机来呈现。第 1 章和第 2 章所介绍的洛伦茨模型就是一个低阶混沌系统。而纳维－斯托克斯方程所描述的湍流，则是一个高阶混沌系统。

噪声对于混沌系统很重要

　　现在，我们面临着一个两难的抉择。一方面，为了求解纳维－斯托克斯方程，我们必须限制涡旋的数量。从本质上说，我们不得不将天气状态空间的维度降至超级计算机可以处理的 10 亿级别上下。然而，在这样做的过程中，模型会失去大气中所有关于"蝴蝶振翅"，即微型漩涡的信息。正如我们说过的那样，这些"蝴蝶振翅"级别的信息在一段限定的时间后可能会导致天气预测的全面失准。滤掉这些信息的模型只能制造出与现实完全不符的精细预测。基于这样的模型，天气预报要么会误导我们，预报不可能发生的事件，要么会像菲什那样预测不出即将发生的事件。

通过引入随机数来模拟不确定的"蝴蝶振翅"的情况，我们就能够应对这一问题。换言之，这就是有意地在模型里制造噪声。[13] 现代天气预测模型以及越来越多的气候模型在本质上是由随机概率分布来描述的。假如用这种随机性的天气模型来运行一组集合预测，即使集合中的每个模型有完全相同的初始条件，这些单个的模型仍然会因为随机噪声在模型方程中不同的实现模式而彼此分散。简言之，为了在计算机上呈现一个高阶混沌系统，我们首先截断该系统，将其变为低阶混沌系统，然后通过添加噪声来表示截断的活动尺度，即微型涡旋。

我们将会看到，用噪声来模拟高阶混沌系统的这一方法还可以被应用于天气预测以外的多种用途。

如果说噪声是由随机数产生的，这就将引出一个问题：什么是随机数？这个问题不好回答，但我们可以相对容易地指出什么不是随机的。数字序列（0, 1, 2, 3, 4, 5, …）不是随机的，因为其中存在一个明显的模式：下一个数字总是比上一个大 1。显然，随机数列不应该表现出这类模式。

在计算机领域，人们使用 PRNG（pseudo-random-number generators，伪随机数生成器）创建随机数。PRNG 实际上是计算机代码的确定性片段，它能够生成不存在任何明显模式的数字序列。这听起来似乎有些矛盾。确定性中如何会产生随机性呢？事实上，这的确是一个矛盾，而且有其后果。在计算成本上消耗不多的 PRNG 将生成表面上看起来是随机的数字序列，但是如果对它们进行详细的分析，你就会发现其中的规律。最糟糕的情况是，PRNG 生成的数字最终会出现重复，这充分说明 PRNG 不能创造真正的随机性。解决方法是增加 PRNG 代码的复杂性。然而，如果不断增加 PRNG 的复杂性，它为了呈现我们最初截断的那些"蝴蝶振翅"级别的信息，就会在计算成本上变得极为昂贵！研究人员只能做出权衡。他们需要的是一个足够复杂的 PRNG 来充分地模拟随机性，但与这一模拟过程相对应的计算成本不能太高。

未来的计算机可能获得一种有趣的替代 PRNG 的方法，即直接利用计算机硬件产生的噪声。我在前文中曾经提到，如果调低计算机中晶体管的电压，它在工作时就将出现"噪声"。晶体管将对在热能驱动下看似随机的原子和分子运动变得敏感。实际上，如前所述，如果这些晶体管的体积足够小，那么噪声将遵从量子物理学的定律，比如说经历一个被称为量子隧穿的过程。这样一来，这种基于硬件的噪声的最终源头其实是量子噪声，后者据称是宇宙中最纯粹的一种随机形式。

由此，我们就有可能制造出几乎完全随机的噪声来截断高阶混沌模型，不但不需要像使用 PRNG 那样消耗一定数量的计算成本，而且计算成本可以变成负值。也就是说，通过调低电压，我们就可以使计算机以比它在确定性方式下运行时更少的能量来进行工作。我希望未来的超级计算机会按照这一原理进行工作。[14] 许多为之服务的芯片可以采取低能耗、不确定性的处理器。

但是，且慢，我们为什么又非要制造噪声不可呢？通常来说，噪声被视为一种麻烦，人们想要竭力地消除它或至少将其最小化。信号检测理论经常谈到"信噪比"，人们总是努力通过增强信号或尽可能减少噪声来最大化这一比率。

不过，在混沌系统中，噪声是一种积极而有益的资源，不应被消除或最小化。这一结论容易让人困惑，却是贯穿本书的非线性理论的一种表达。这个结论非常重要，因此我通过一些例子来加以说明，噪声不但不会如我们对噪声的直观印象那样使信号难以被辨识，反而会使信号更加清晰可见。在接下来的案例中，非线性无一例外起到了至关重要的作用。

请看图 3-4 左侧的百分比数字。这些百分数中的像素被赋予了不同的灰度值，纯黑色对应 100% 的灰度，纯白色则对应 0% 的灰度。

85%	**85%**	**85%**
70%	**70%**	**70%**
55%	**55%**	**55%**
45%		**45%**
30%		**30%**
15%		**15%**
	系统化舍入	随机舍入

图 3-4　噪声可以放大信号

左侧这一列具有不同灰度的百分数在其灰度信息被以系统化的方式四舍五入到一位（非黑即白）后展示为中间的结果。右侧这列百分数的灰度信息也被舍入为一位（非黑即白），但使用的方法是随机噪声这种较随机的方式。显然，右列的数字比中间一列数字保留了更多的信息。

假设我们要传输这些百分数的灰度值，但每个像素只能传输 1 个数位的信息：0 代表白色，1 则代表黑色。于是，我们得到图 3-4 中中间一列的百分数，较浅的灰度被简单粗暴地截断为 0，而较深的灰度则被截断为 1。很明显，这次传输丢失了大量信息。有一半的数字已经看不到了，因为它们的灰度信息在被截断后变成了与纸面一样的白色。

替代的方法是用噪声将灰度信息截断为 1 位。这种方法获得了奇迹般的效果，参见图 3-4 中右侧的一列百分数。以"30%"这一百分数为例，它的灰度信息不是被以确定性方式截断为 0，而是先使用 PRNG 一类的工具在 0 到 1 之间随机选择一个分数，且每个分数被选择的概率都是相等的。如果随机选择的分数大于 0.3，那么该像素的灰度就将被截断为 0，即白色。如果随机选择的分数小于或等于 0.3，那么该像素的灰度就将被截断为 1，即黑色。由于随机选择的分数大于 0.3 的概率为 70%，这个像素有较大概率被截断为白色。再来看图 3-4 中 "70%" 这一百分数。如果随机选择的分数大于 0.7，它的灰度信息将被截断为白色。由于这一概率较低，它的像素有较大概率被截断为黑色。

将类似的过程运用于图 3-4 左侧百分数中的所有像素，对其 "随机舍入" 并独立地为每个像素选择随机分数，我们将得到如图 3-4 右侧所示的结果。转眼之间，丢失的百分比又出现了！噪声放大了信号！

随机舍入正逐渐在气象建模领域发挥重要作用。[15] 图 3-5 是一组湍流的模拟图。它与图 3-1 近似，但其中图 3-5（a）的流体变量仅以 16 位表达，而不是科学计算中默认的 "精度" ——64 位。在进行计算时，尽可能地使用较少数位有其充分的理由。现代超级计算机的大部分能耗被用于在计算机内部传输信息的过程，例如将信息从存储器传送到处理单元。如果能将信息压缩成 16 位而不是 64 位的传输包，那么超级计算机在传输数据方面将节省大约 3/4 的能耗。问题在于基于 16 位的运算肯定不如基于 64 位的运算准确。在进行基于 16 位的运算时，我们似乎丢失了一些信息。然而，当对以 16 位表达的变量应用随机舍入之后，如图 3-5（c）所示，得出的结果几乎与基于 64 位的原始计算相同。

我坚信，未来的电子计算机一定会从硬件上发展这种随机舍入能力。[16] 鉴于天气模型含有数十亿个变量，如果每个变量都采用 64 个数位来表达，计算机内部就会产生数百亿比特的无效传输。这不但是对能量的低效利用，更限制了计算机的运算速度。

64 位模拟图

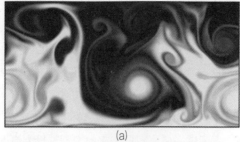

(a)

16 位模拟图

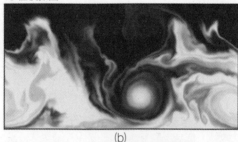

(b)

经随机舍入技术处理过的 16 位模拟图

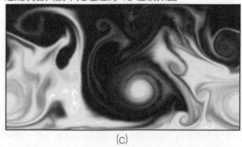

(c)

图 3-5　随机舍入技术对模拟效果的强化

图（a）是图 3-1 中的湍流流体运动的模拟图。在这里，单个流体变量是用 64 个
数位来表达的。科学计算默认采用这种表达方法，但是会消耗大量的计算机资源。
图（b）表示单个流体变量的二进制数位从 64 减少到 16。与图（a）相比，图（b）
的湍流涡旋在真实感上有所降低。图（c）仍在对同一个湍流进行模拟，但在将变
量截断至 16 位时采用了随机舍入技术，由此得出的这张模拟图和图（a）几乎是一
模一样的。可见，加入噪声会使模拟的结果更加准确。

资料来源：Paxton et al.(2022)。

我要举另外一个例子来说明噪声可以成为一种有价值的资源。假设我们要在如图 3-6 所示的复杂曲线上找到最高点，寻找最高点的确定性算法通常会从曲线上任意一个初始点开始，然后通过与相邻的点比较高度来决定向左还是向右移动一步。然而，这样的算法容易陷入局部最优的陷阱。在达到局部最优时，左、右两个方向的点都出现在当前点的"下方"，算法就会误以为它找到了最高点而停止运行。

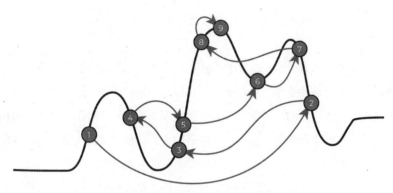

图 3-6　模拟退火算法计算流程

模拟退火算法可以利用噪声在一组非常复杂的波峰和波谷之间找出最高点。这里展示了该算法如何在 9 个步骤后找到最高点。

相形之下，模拟退火算法使用随机数来寻找最高点。假设这个算法已经运行了一段时间，目前处于曲线上一个并非最高点的点上。我们来看看这个算法接下来会怎么做。

首先，模拟退火算法借助一个 PRNG，后者随机地向该算法建议曲线上的一个新的参照点。算法会先检查这个参照点是否比现有点更高。如果新的参照点更高，那么算法将接受 PRNG 的建议，并执行下一个步骤。如果新的参照点比现有点低，算法不会自动拒绝 PRNG 的建议。但是，随着算法的运行，接受一个明显低于当前点的新点的可能性逐渐降低。换句话说，在算法的初期阶段，它更易于接受一个明显较低的点，但随着时间的推移，它在接受这样的点时会变得更加谨慎。

这个特性让人联想到金属的退火过程，金属被烧至炽热后，初期它是相对柔韧的，随着逐步冷却，它会一点点变得坚硬起来。这正是该算法名称的由来。

图 3-6 展示了模拟退火算法的计算流程。

步骤 1 至步骤 9 分别对应于 PRNG 的建议步骤和算法接受的步骤。被算法拒绝的步骤未在图中显示。从步骤 1 到步骤 2 是被接受的，因为 2 比 1 高。从步骤 2 到步骤 3 也是被接受的，因为虽然 3 比 2 低，但这时仍处于算法的初期阶段，算法有较大的概率会接受一个较低的点。从步骤 4 到步骤 5 仍是被接受的，因为 5 只比 4 稍微低一点点。找到最高点的可能性取决于算法运行的时间长度。不过，在一段既定的时间内，与确定性的算法相比，模拟退火算法在估算最高点时显得更高效。

再来看最后一个案例。将不太弱也不太强的噪声加入洛伦茨模型中。

结果如图 3-7 所示，让人大为吃惊。噪声不但没有冲淡洛伦茨模型的两个叶的结构，反而夸大了它们。在不可预测地过渡到另一个叶子之前，系统通常在一个叶子中停留更长的时间。这个案例深刻地说明非线性的特质可以在一定程度上稳定非线性系统，使其变得更可预测。

总的来说，就非线性系统而言，噪声是有益的，并不像大家通常认为的那样惹人讨厌。自然界或许比天气模型更加充分地利用了噪声的特性。我将在本书的第三部分中进一步讨论这个话题。

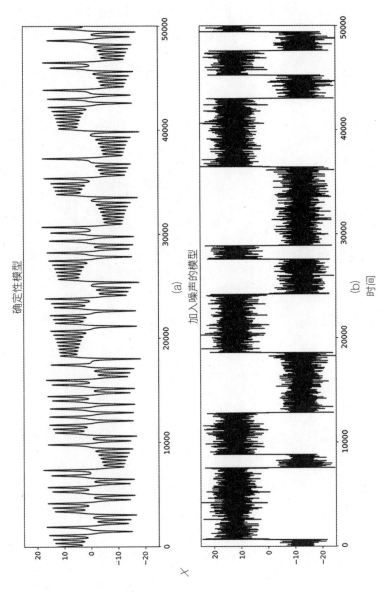

图 3-7 洛伦茨模型中 X 变量的变化

图 (a) 表示标准洛伦茨模型中 X 变量随时间的变化。图 (b) 表示在洛伦茨模型的方程中加入噪声后 X 变量随时间的变化。噪声的存在使得该模型的 "层级" 结构变得更加显著，系统在其中一个叶子中停留的时间更长 [17]，而 X 变量在正负层级之间的转换仍然完全不可预测。

THE PRIMACY OF DOUBT

第 4 章

——

不确定性，
量子物理学的核心

蝴蝶效应被归为经典物理学的一部分。在 20 世纪 20 年代中期玻尔、海森堡、薛定谔等人提出量子力学之前，经典物理学描述了世界上的一切（见图 4-1）。因此，尽管爱因斯坦的相对论是在 20 世纪提出的，它却被认为是"经典的"。洛伦茨方程以牛顿运动定律为其终极基础，因此也被归入经典物理学。在算法上不可判定的混沌系统分形几何是否应该被描述为"经典的"？我认为不能，因为这种几何学的确立晚于量子力学。但是，这样的回答或许有些操之过急。

量子不确定性是认识论还是本体论

不确定性是量子物理学的核心。事实上，它被归纳为一个原理，即海森堡的不确定性原理。根据不确定性原理，量子粒子具有成对的性质，比如位置和动量。如果你精确地测量出其中的一个，那么你就会对另一个一无所知。有这样一个流传了许久但并不是很好笑的笑话：交警把海森堡拦在路边，询问他是否知道自己刚才开车开得有多快。"不知道，"海森堡回答，"但我知道我在哪里。"警察说："嗯，你刚才的车速达到了每小时 160 千米！"海森堡给出的反应是："哦，太好了，现在我彻底迷路了！"

图 4-1　被当作艺术品展示的薛定谔方程

薛定谔方程是量子力学的精髓。它与牛顿运动定律的相同处在于同样借助了牛顿和莱布尼茨的微积分，与之不同的则是，它描述了一幅众多物理学家和哲学家至今仍在争论的物理学现实图景。

　　根据海森堡的不确定性原理，如果一个粒子的位置从数学的角度看是确定的，那么它的动量从数学的角度看就难以确定。这到底是什么意思？公允地说，没有人能真正地理解它。它引发了一场自量子力学诞生起一直持续至今的争论。量子不确定性在本质上应该属于"认识论"还是"本体论"？我们对这两个名词，给出如下定义：如果量子不确定性被归为认识论，那么它描述的是人类对一个自身可被精确定义的系统的不确定性；如果它被归为本体论，那么它描述的是量子系统的一些固有属性，与人类是否在研究它毫无关系。大多数物理学家认为量子不确定性应被归为本体论，原因我将在本章之后的文字中详细讨论。人们认为现实世界是由无数个基本粒子构成的，显然，这意味着大多数人不假思索地接受的现实这个概念本身应该是不确定的。

有关量子不确定性本质的争论可以追溯到很久远的年代。海森堡在1930 年出版的《量子论的物理原理》（*The Physical Principles of the Quantum Theory*）一书中，试图解释不确定性原理，方法是想象通过显微镜定位一个粒子，即"目标粒子"。他认为显微镜捕捉到的光波越短，目标粒子的位置就越容易被确定。然而，事实上，现代显微镜可以利用波长比可见光小 10 万倍的电子，以超高分辨率观察微小的粒子。可是，波长越短，光子（或电子）具有的能量就越高，就越有可能与被测量的目标粒子发生不可预测的碰撞，确定目标粒子的动量因此会变得极为困难。

在海森堡的导师玻尔看来，这套理论虽然能够很好地解释不确定性原理，但它并不正确。玻尔认为，位置和动量这样的变量在本质上是"互补的"，在实验中测量其中一个，就必然会排除测量另一个的可能性。海森堡给出的解释表明，目标粒子的动量中的量子不确定性描述的其实是人类的不确定性。当我们试图通过作用在目标粒子上的光或其他粒子来测量目标粒子的量子特性时，这种不确定性必然会产生。玻尔则反对称，量子的不确定性远比这一解读更深刻，它在某种程度上展示出的是粒子自身的不确定性。

玻尔得出这种观点的理论基础是波粒二象性，即为了解释量子现实，有时必须使用波的相关理论，其他时候则必须使用粒子的相关理论。如图 4-2

所示，波粒二象性可以通过双缝实验得到充分的展示。19 世纪，英国学者托马斯·杨（Thomas Young）让光波穿过有两条相邻狭缝的屏，从而证明了光的波动性。在屏的另一侧，光波透过两狭缝并扩散开来，形成了两个相互干扰的区域。在一些区域，干涉效应使得光的强度得以增加；而在其他区域，光的强度则有所降低。

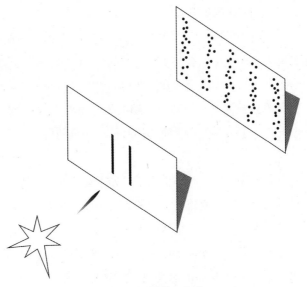

图 4-2 波粒二象性

单个光子在穿过有两个狭缝的屏之后像波一样在后方的屏上形成了干涉图案，前提是研究人员并未试图观测光子穿过了哪条狭缝。为何会发生这一现象对物理学界来说仍是一个难解之谜，但它充分证明了量子物理学领域的波粒二象性。

在 20 世纪复制这一实验时，我们已经能够通过控制使单个光子通过同样的双缝屏。如果研究人员不试图观察光子穿过了哪条狭缝，这些光子往往会出现在光波正干涉产生增强亮度的区域，而不会在光波负干涉产生的晦暗区域被检测到。与此同时，如果研究人员试图观察光子穿过了哪个狭缝，那么干涉效应就会消失，光子的运动也变得与经典微观粒子没有任何差异。因此，我们可以用光的波动性和粒子性来解释双缝实验，而只采取其中的任何一种描述都不能完成任务。玻尔认为这两种性质的描述具有互补性。至于量子物理学为什么会呈现出这样的特性，还有待进一步的解释。[1]

爱因斯坦曾就这个问题与玻尔展开了著名的论战。爱因斯坦认为针对量子力学的标准解释，即物理定律含有一些固有的不确定性，是没有意义的。1927 年，在比利时布鲁塞尔召开的那场著名的索尔维会议（Solvay Conference）上，爱因斯坦用一个简单的思想实验向玻尔和其他量子力学的支持者发起了挑战。他提出了有关量子力学的两大质疑：一是质疑了非决定论是量子力学固有的。这一质疑因爱因斯坦的名言"上帝会掷骰子吗"而为大众熟知；二是质疑被爱因斯坦称为"幽灵般的超距作用"。爱因斯坦的思想实验对于今天的量子力学倡导者而言仍然构成深刻的挑战。

设想有一个由光源发射出的单个光子，如图 4-3 所示。光子穿过屏上的一个小孔，到达被荧光物质覆盖的半球体上的一点。我们有理由设想光子沿着某个我们不知道的特定方向向半球体运动，光子沿着这个方向运动直到到达半球体上的 q 点。这时，我们和光子本身都知道了光子的位置，从而也就可以推断出它以光源为起点的运动路径。这样的思路看上去没有什么不合理。

但是这个思路是错的！在量子力学中，光子在激发荧光物质并暴露它的位置之前，由"波函数"这一数学单位来描述。在图 4-1 中，波函数以希腊字母 ψ 表示，从数学的角度描述了量子系统的波动性。它从屏上的孔向四面八方扩散，就像水波从其源头传播开来一样。在科普读物中，波函数有时也被称为"概率波"。但后者是一种简化后的定义，不能恰当地描述量子力学的不可知性。举例来说，在量子力学中，波函数不会指出光子有 40% 的概率出现在此处，有 60% 的概率出现在彼处。更确切地说，它描述的其实是光子同时出现在此处和彼处，且出现在"此处"和"彼处"的权重可由类似于概率的数量单位来表示，例如 40% 和 60%。[2] 这一现象通常被称为"叠加"。具体地说，在双缝实验中，我们不会说光子穿过两条狭缝中的一条的概率是 50% 对 50%。相反，波函数这一概念要求我们将其理解成光子在同一时刻均等地穿过两条狭缝。你感到迷惑吗？欢迎加入量子力学俱乐部。但目前我只揭示了量子力学的一个侧面。

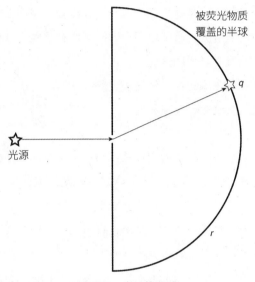

图 4-3　光子的运动

本图展示了爱因斯坦在 1927 年索尔维会议上所举的一个例子。一个光子击中了被荧光物质覆盖的半球体上的一点。根据量子力学的解释，光子的波函数在 q 点随机坍缩，表现出粒子的性质。在包含 r 点在内的其他所有点上，波函数的坍缩不会导致粒子性质的显现。物理学界目前尚不能解释波函数为何会在没有"幽灵般的超距作用"的作用下实现这一点。

当击中半球体并导致荧光物质在 q 点处发光时，光子在这一瞬间只出现在 q 点，而不会出现在其他地方。叠加不再适用。标准量子力学称这一过程为"波函数的坍缩"，它与"测量"过程有关。所谓"测量"，是指测出量子信息的过程。在坍缩时，光子突然且十分神秘地从以波函数描述的、同时存在于每一处的状态，转化成只存在于 q 点的状态。换句话说，波函数神秘地从看起来像波转变为看起来像粒子。在标准量子力学中，q 点的位置，即波函数坍缩成粒子的位置，本质上是随机的。

也许我们已经准备好接受物理定律的这种随机性。但是，在此之前，我们应该意识到，它并没有解决这个思想实验所造成的概念困境。假如波函数坍缩并显现为粒子的 q 点是随机的，那么这意味着半球体上波函数坍缩但没有显现为粒子的其他地方也是随机的。因此，所有这些半球体上的随机过程不可能彼此独立地发生。假如这些过程可以独立发生，那么我们就有可能在半球体上看到不止一个闪光点。但这种现象实际上没有出现。如此说来，半球体上的随机过程必然是相互关联的。

这种相关性在现实中是如何实现的？当波函数在 q 点随机坍缩并显现为一个光子时，量子信息是不是会以某种方式被发送到半球体上的所有其他点，指示波函数在这些点上不要坍缩并显现为一个光子？如果是这样，这个公开的信息传播得有多快？显然它必须在瞬间完成传播。否则，在波函数在 q 点处坍缩并显现为一个光子的瞬间，由于来自 q 点的信息尚未到达，来不及指示 r 处的波函数不要坍缩，半球体上的某一点 r 的波函数也有一定概率出现坍缩以形成第 2 个光子。我要再次强调，这是不可能发生的，因为光源只产生了一个光子，而且我们也只看到一个光子。因此，即使这个半球体有着如光年一样长的半径，指示 r 点的波函数不要坍缩并显现为一个光子的量子信息仍然必须从 q 点瞬间传来。

假如量子的不确定性属于认识论的范畴，也就是说，它实质上是指人类对量子世界的认识的不确定性，那么这个思想实验就不会存在概念上的问题。在意识到粒子出现在 q 点的瞬间，我们立刻就会意识到它不可能出现在其他地方。这就像我们听说自己中了彩票，而且这次开奖只有一个赢家，那么我们马上就知道不会再有其他中奖者。但是，假如波函数确实描述了量子现实在时空中不同位置的演变本质，而这正是标准量子力学的思考方式，那么量子信息的瞬时传播就会带来严重的概念问题。读至此处，你可能认为这一切听起来太过荒谬。显然，你并不是唯一一个这样想的人，爱因斯坦与你有着同样的看法。

牛顿的引力理论至少在地球上可称得上是一个精确度颇高的物理理论。它也体现出传播的瞬时性或所谓的"超距作用"。想象一下，在宇宙中一个遥远的地方，两颗中子星发生了碰撞。两颗恒星引力场出现的变化要多久才能传到地球？按照牛顿的理论，它根本不用耗费任何时间，信息在瞬间就完成了传播。虽然牛顿自己意识到这个结论不可能是对的，但这个问题最终是由爱因斯坦解决的。广义相对论指出引力信息以引力波的形式按照光速传播。[3]

当发现超距作用再次在量子力学中出现之后，爱因斯坦得出结论，量子力学理论必然在某个地方存在谬误，正如牛顿的引力定律一样。爱因斯坦的这一思路很重要，因为许多物理学家都认为，量子超距作用，或者人们现在所说的"非定域性"是由两个或两个以上相互作用的粒子表现出的特征。[4]然而，现实并非如此。如果我们能理解单个量子粒子的存在方式，我们很可能就能理解多个量子粒子的存在方式。

爱因斯坦在谈论量子力学时说："将量子理论的描述看成是对单个系统的完整描述，这种做法会导向不可理喻的理论解释。一个人只要接受这些描述指的是系统集合而不是单个系统，那么这些不可理喻的理论解释立刻就失去了存在的理由。"[5]

波函数是否可以被解释为对系统集合的描述，这是量子不确定性应被归为认识论还是本体论的论战的核心。在爱因斯坦看来，这里存在一个更深层次的物理理论，在该理论中光子确实从光源移动到了 q 点。根据这个更深层次的物理理论，波函数类似于对一组有存在可能但要视条件而定的情境集合的概率描述，在某一个情境中光子移动至 q 点，在另一个情境中它则会移动到 r 点，在其他情境中它甚至可以移动到半球体上的另外一些点上。在光子击中半球体之前，人类无法确定集合中的哪个构成会变成现实。在爱因斯坦描述的这个场景中，光子本身知道它的位置以及它将会到达半球体上的哪一个点。现实是确定的，对应着集合中的一个构成，而且光子也知道哪一个集合构成对应着现实。

根据这种理论解释，粒子运动的不确定性与天气演变的不确定性在本质上没有什么不同。预测者不知道天气将如何演变，然而天气本身知道这个过程，或者至少描述天气的一组方程知道。基于爱因斯坦提出的系统集合的解释思路，量子的不确定性应属于人类的范畴，即是一种认识论的不确定性，而不属于粒子的范畴，即并非本体论的不确定性。

因此，我们可以相当直观地看到，系统集合是合理的解答，而量子不确定性应被归为认知论的范畴。现在你大概已经明白为什么量子物理能这么轻松地触入一本关注天气和气候的集合预测的书了吧！

如果爱因斯坦是对的，量子的不确定性仅仅反映了人类认知的不确定性，那么就粒子而言，它们的性质和运动是由精确的准则和定律决定的。虽然人类无法认识这些明确的准则，但对粒子本身而言，它们并不是被隐藏起来的秘密。基于这样一组准则的理论一般被称为"隐变量理论"。

上帝不会掷骰子

法国物理学家路易・德布罗意（Louis de Brogile）是量子领域的先驱之一。他在 20 世纪 20 年代首次做出了建立隐变量模型的尝试。爱因斯坦也曾做过类似的尝试，但当他发现它不能与他的相对论保持一致时，他就放弃了这个念头。我在后文中还会再次提到这段往事。美国物理学家戴维玻姆（David Bohm）因建立量子物理学的隐变量模型而为人们所熟知，在这一过程中，他还重新发现了德布罗意早年间的研究。玻姆被誉为 20 世纪 50 年代世界上最重要的理论物理学家之一。但是，他早期写了一本关于量子力学的标准教材，之后逐渐对这个理论失去了兴趣。玻姆在当时的政治迫害中遭受重创，被迫离开美国，最终定居英国。此外，他也受到物理学界的同行的排挤，后者认为他不过是一个向量子力学发出质疑的古怪的外行人。

一般来说，物理学家不认为量子物理学可以用隐变量理论来描述。因此，物理学界几乎都认为爱因斯坦被他的关于量子力学的集合理论所误导了。为了理解这背后的原因，我们还需要对量子物理学的世界做一点深入的探索。为此，我将介绍一个用施特恩 - 格拉赫（SG）装置进行的量子实验，该装置以德国物理学家奥托・施特恩（Otto Stern）和瓦尔特・格拉赫（Walther Gerlach）的名字命名。我将利用 SG 装置完成两个看似不同但实质上相关的任务。

请再次设想有一个粒子源。它释放的不是光子，而是电子。[6] 电子具有所谓 "自旋" 的特性。研究人员可以让电子穿过一块其南北极由研究人员沿着选定方向自行校定的磁体来测量电子的自旋。电子在穿过磁体时会向上或向下偏离研究人员选定的方向。如果电子向上偏转，我们称它相对于选定的方向 "自旋向上"。如果它向下偏转，我们就称电子发生了 "自旋向下"。在下文中我将用 SGz 表示图 4-4 中磁体向 z 方向定向的 SG 器件,用 SGx 表示磁体向与 x 方向成直角定向的 SG 器件。另外,假设电子沿 y 方向运动,y 方向是物理空间中第三个正交轴的方向。

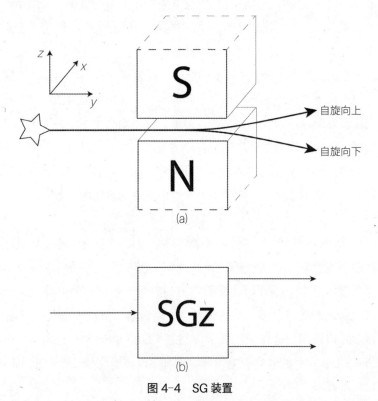

图 4-4 SG 装置

图 (a) 表示 SG 装置。一束电子通过一个已标示出南北两极被定向至 z 轴的磁场之后,
分裂成"自旋向上"和"自旋向下"的两束。图 (b) 表示同一个 SG 装置的简图。

　　如图 4-5 所示,两个或多个 SG 装置可以被连接在一起。我们称之为"序列 SG 实验"。让我们首先分析图 4-5(a)中的双 SG 实验。图中的第 1 个 SG 装置是 SGz。我们从这个装置中获得"自旋向上"的输出,再将其输入到第 2 个磁场被校正为 x 方向的 SG 设备,即 SGx。

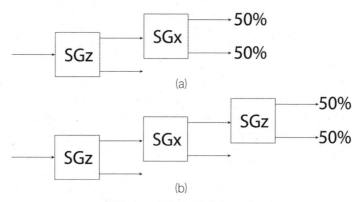

图 4-5　两次序列 SG 实验

对一个粒子集合进行两次序列 SG 实验：SGz-SGx 和 SGz-SGx-SGz。图中标示了在最后一台装置的两个输出通道中每个通道中粒子的比例。第 2 个实验得出了无法解释的结果：既然第 1 个 SGz 滤掉了所有自旋向下的粒子，为什么它们会在第 2 个 SGz 中重新出现呢？

根据量子力学，电子会偏移到第 2 个 SGx 装置的自旋向上还是自旋向下的输出通道，这是完全不能确定的。我们只能确定，一个电子有 50% 的概率被输出到自旋向上的输出通道，也有 50% 的概率被输出到自旋向下的输出通道。

量子物理的隐变量理论可以轻易地解释这一结果。在隐变量理论中，每个粒子在穿过被定向至不同方向的磁体时的反应是预先确定的。这意味着在理论上存在一个"自查表"，其中列出了一个特定的粒子在穿过定向至 z 方向的磁体时会有一个向上的自旋，而在穿过定向至 x 方向的磁体时会有一个向下的自旋。表 4-1 就是这样一个由隐变量理论引申出的自查表，其中共有 2 行 12 列，每一列都对应一个不同的电子。正号 + 表示"自旋向上"，负号 - 表示"自旋向下"。第 1 行展示了在 z 方向上测量的 12 个电子的自旋，第 2 行则展示了在 x 方向上测量的 12 个电子的自旋。该表可以解释图 4-5（a）中实验的结果。

表 4-1　自查表

Z	+	-	+	+	-	+	-	-	+	-	+
X	+	+	-	-	-	+	+	+	-	+	-

这个理论上的"自查表"的一部分展示了 12 个电子在 SG 磁体的两个不同定向下的自旋方向。其中，12 列分别对应 12 个电子。这个表存在的前提是量子物理学可以由确定性的隐变量理论来解释。表的第 1 行给出了在 z 方向上可能的 SG 测量的结果，第 2 行则给出了在 x 方向上可能的 SG 测量的结果。该表的结论与图 4-5(a) 展示的概率是一致的。具体地说，在第 1 行展示为 + 的电子，在第 2 行中有半数展示为 +，另一半则展示为 -。

隐变量模型能够描述由两个序列 SG 装置组成的 SG 实验的结果，但如果我们将 3 个 SG 设备耦合在一起，问题就出现了。在图 4-5（b）中，我们添加了第 3 个 SG 装置，并将其定向至 z 方向，也就是说，它也是个 SGz。从第 2 个 SGz 中穿出的电子会有怎样的表现？既然第一个 SGz 装置已经有效地过滤掉了所有的在 z 方向上自旋向下的粒子，我们当然会认为只有自旋向上的粒子从第 2 个 SGz 中穿出。但现实并不是这样。实际上，从第 2 个 SGz 穿出来的粒子有一半是自旋向上的，另一半则是自旋向下的。那么，如果第 1 个 SGz 事先把自旋向下的电子都过滤掉了，它们究竟是从哪里来的呢？

用隐变量模型来解释三重 SG 实验会出现一些问题，尽管我们可以硬拗出某种解释。[7] 然而，另一个同样用到 SG 设备的实验却给了隐变量理论致命的一击，并由此推翻了爱因斯坦解释量子物理的集合理论。这个实验就是贝尔实验。我接下来要介绍贝尔实验，并在第 11 章中再次提到它。在这个实验中，非定域性的概念再次显露端倪，比图 4-3 所示的爱因斯坦思想实验中更无法回避。相比之下，图 4-5（b）所示的三重 SG 实验看上去似乎与非定域性无关。不过，在第 11 章中，我将尝试解释如何借助集合的概念以完全相同的方式理解贝尔实验和三重 SG 实验。

贝尔实验涉及"纠缠"现象，它是由薛定谔首创的一个名词，用于描述相互作用的量子系统。20 世纪 60 年代，爱尔兰物理学家约翰·贝尔（John Bell）意识到纠缠对实验测试隐变量理论的重要性。[8] 贝尔是欧洲核子研究中心（European Organization for Nuclear Research）的高能物理学家。[9] 贝尔证明，在看似毫无瑕疵的假设条件下，不具有超距作用的隐变量理论必然满足某种统计不等式，而这在量子力学中是不成立的。在贝尔发表这篇论文时，没有人测试出这个不等式在实验中是否不能成立。不过，人们都确信，如果量子力学预测这个不等式不能成立，那么在现实中它就将是不成立的。

为了理解贝尔不等式，我们来制作一个与表 4-1 近似的表 4-2，向其中填入 + 和 − 表示电子自旋方向。但这个表一共有 3 行而不是 2 行。在说明过程中，我假设它与表 4-1 一样有 12 列，但原则上它的列数可以无限多。在表 4-2 中填写 + 和 − 的方式不是唯一的。如果愿意，谁都可以按照自己的意愿填写这些内容。实际上，就眼前的目标来说，我们可以认为这个表格与物理学毫无关联。

表 4-2　贝尔不等式

1	+	-	-	+	+	+	-	+	+	+	+	+
2	-	+	-	+	-	-	-	+	-	-	-	-
3	-	+	-	-	+	+	+	-	+	+	+	+

将 + 和 − 填入一个共有 3 行和无限多列的表格里，此处只展示其中的 12 列。+ 和 − 的统计数量必然满足一个被称为贝尔不等式的数学不等式。

现在，数一下有哪几列在第 1 行和第 2 行同时被填入 +，并将这个数字称为 A。表 4-2 中，$A = 2$，分别是第 4 列和第 8 列。现在，数一下有哪几列在第 2 行被填入 -，第 3 行被填入 +，并将这个数字称为 B。最后，再数一下有哪几列在第 1 行和第 3 行分别被填入 + 和 +，并将这个数字称为 C。在这个案例中，A + B = 8 明显大于 C = 5。

正如贝尔在 1964 年所论述过的那样，无论我们以怎样的方式在表格中填入 + 和 -，A + B 总是大于或等于 C。[10] 这个结论也被称为贝尔不等式。我在注释中利用初等数学证明了贝尔不等式。[11]

贝尔将他的同名不等式应用于以下这种情境，其中的放射源发射成对纠缠的粒子，假设它们为纠缠的电子，如图 4-6 所示朝相反的方向运动。[12]粒子进入了两台测量粒子自旋的 SG 装置。每台 SG 装置分别由操作者爱丽丝和鲍勃来控制。一般来说，爱丽丝控制左侧的 SG 装置，负责测量向左移动的粒子的自旋，鲍勃控制右侧的 SG 装置，负责测量向右移动的粒子的自旋。同之前一样，我们用 + 表示自旋向上，用 - 表示自旋向下。但现在我们想象每台 SG 装置都可以被定义在由爱丽丝或鲍勃选择的任何方向上，而不仅仅是 z 和 x 方向。

图 4-6　贝尔实验

在实验中，爱丽丝和鲍勃的 SG 装置可以任意设置磁场的方向。但是，如果他们将各自装置设定在同一个方向，那么当爱丽丝测得她的粒子自旋向上时，鲍勃所测量的粒子则会自旋向下。在现实中，操作者通常利用光子和偏振器来完成这个实验，而不是设想中的电子和 SG 装置。

纠缠粒子对的一个至关重要的特性是，如果爱丽丝和鲍勃控制的 SG 被定义为同一个方向，当其中一台装置的输出为 + 时，另一台装置的输

出将为 －，反之亦然。这个特性本身并不奇怪，而且很容易用隐变量来解释。[13] 这与两个离开发射源的粒子的组合自旋必须总是为零的事实有关。

如果粒子的自旋是由隐变量决定的，那么我们可以设想在爱丽丝和鲍勃的装置中穿过的两组粒子各自有一个自查表。实际上，表 4-2 就是这样的一个自查表。我们可以把表 4-2 看作爱丽丝负责测量的 12 个粒子的自查表，其中标记表的第 1 行、第 2 行和第 3 行分别对应爱丽丝控制的 SG 装置的 3 个可能的方向。鲍勃的自查表中有 12 个与爱丽丝的粒子相纠缠且射往同一方向的粒子。他的自查表和爱丽丝的自查表几乎是一模一样的，只是爱丽丝自查表中的 + 在鲍勃的自查表中对应地会变成 －，－ 则会变成 +。如此一来，$A + B$ 大于或等于 C 这一数学不等式，就变成量子物理学的隐变量理论等这类理论的固有属性。

贝尔给自己提出的问题是，是否可以在实验中测试出隐变量模型的预期，即在爱丽丝或鲍勃的自查表中 $A + B$ 大于或等于 C？事实证明，我们可以用现实世界中的纠缠粒子对来做这个实验。举例来说，如前所述，量 A 描述了在爱丽丝的自查表的第 1 行和第 2 行中都出现了 + 的总列数。我们可以通过实验的方法测量一个纠缠粒子集合的自旋来估算 A，在每对粒子中，爱丽丝测量定向为 1 的粒子，而鲍勃测量定向为 2 的粒子。现在，由"零自旋"的属性可推断出，如果鲍勃负责的粒子被测量为 +，那么爱丽丝负责的粒子，如果被按照定向为 2 的状态测量过，必然会产生自旋方向为 － 的结果，反之亦然。由此，我们可以从现实中爱丽丝和鲍勃对一组纠缠粒子所做的实验测量来估算出爱丽丝自查表中的量 A。同理，我们也可以得出独立的纠缠粒子对集合的量 B 和量 C。

那么，哪一种理论在现实中是正确的呢？是概念上简单的、具有确定性的、基于集合的隐变量模型，其中 $A + B$ 必然大于或等于 C，还是让这个不等式不能成立的量子理论？现实中进行的实验比设想的实验要复杂一些，而且测试的是贝尔不等式的一个变体，即 CHSH[14] 不等式。然而，实验的结果并不支持隐变量，同时也不支持爱因斯坦解释量子物理的集合理论。贝尔不等式在实践中是不成立的，正如量子力学所预言的那样。[15]

隐变量模型不能推论出贝尔不等式在实验中无法成立，它的问题出在哪里？问题应该在于爱丽丝和鲍勃负责的粒子各有自己独立的自查表这个假设。那么，具体来说，哪里出了错？

一种解释是，自查表的概念在量子物理中不适用，因为在量子物理中不存在明确的现实。尽管真正理解这种解释在物理上意味着什么非常困难，但大多数物理学家选择相信它，而且大多数物理学家认为正是它误导了爱因斯坦，使他认为量子物理的不确定性可以通过集合理论来解释。

重要的是，要认识到这并不等于主张量子物理中存在某种随机性。正如在爱因斯坦的思想实验中讨论的那样，我们还需要假设存在某种超距作用来确保随机性在空间上的正确关联。这一点也适用于贝尔不等式。虽然我们可以假设隐变量模型包含某些随机项，自旋结果因此仅能从概率意义上被确定，但这样的随机隐变量模型仍要受到贝尔不等式的约束。从根本上说，这是因为量 A、B 和 C 是从自查表的统计数据中定义的统计量。仅靠随机性这一性质无法解释贝尔不等式在实验中不成立。

否定爱丽丝和鲍勃负责的粒子各有独立的自查表的另一种解释认为，现实是明确的，但爱丽丝负责的电子的自旋不仅由爱丽丝控制的 SG 装置的定向决定，也由鲍勃控制的 SG 装置的定向决定。这意味着放弃了爱丽丝和鲍勃负责的粒子各有自己独立的类似于表 4-2 的自查表的想法。这正是物理学家通常所理解的非定域性。但在我看来，它是一个非常可怕的想法。如果鲍勃只是在他负责的电子到达时才决定如何设置他的 SG 装置，那么他的决定必须以某种方式被瞬间传达给爱丽丝。这与我们之前所看到的、旧有的超距作用的概念没有什么差别，而且正是爱因斯坦非常讨厌的一种思想。在我看来，他的这种态度完全可以理解。

此外，非定域性是一个非常微妙的问题。正如爱因斯坦的思想实验那样，我们不能利用非定域性即时将信息由爱丽丝传递给鲍勃。举例来说，鲍勃不能利用纠缠的粒子超光速地将某次赛马比赛的结果传递给爱丽丝。如果他能够这样做，那么隐变量理论就明确违反了相对论中因果关系的基本属性，即原因总是出现在结果之前。如果因果可以颠倒，那么爱丽丝和鲍勃就能在赌局中大赚一笔。

由于在这类实验中，信息不可能以超光速的方式传递，大多数物理学家认为，在进行低温实验或进行量子计算时，无法理解贝尔实验的内涵并不是什么大不了的事。

但对于基础物理学来说，我坚信这正是我们应该为之辗转反侧的事情。即使量子非定域性不允许超光速传递信息，这种超光速的量子信息交流仍是与相对论的本质相对立的。正如本书第三部分开篇所引用的彭罗斯的名言那样，未能正确理解量子非定域性也许正是物理学界未能将量子力学和广义相对论统一为一个单一的物理学理论的主要原因。

那么，由于贝尔不等式在实验中不成立，我们是否只能要么放弃我们对现实的直观理解，要么接受幽灵般的超距作用？大多数物理学家在被如此逼问时只能被迫回答说，可能存在着某种我们尚未理解、更深层次的解释。在第 11 章中，我将说明有一种解释可以同时适用于图 4-6 中的贝尔实验和图 4-5（a）中的序列 SG 实验。它符合彭罗斯的猜测，即哥德尔和图灵的不可判定性理论有可能在未来的量子引力理论中发挥关键作用。具体地说，它要求我们对混沌几何学进行更深入的探索。如果这种解释是正确的，尽管未经明确的实验测试，我还不敢妄下断语，但我们或许有可能用爱因斯坦的集合理论来描述量子物理领域的奥秘。特别是，上帝不会掷骰子，也不存在所谓的超距作用，而量子不确定性将被视为一种认识论，是一种确定的现实。当然，我提出这一观点并不是主张回归到量子力学之前的经典物理学。自本章一开始，我就提到不应该将混沌几何学在运算上的不可判定性视为经典物理学。

不过，在提出这些观念之前，我们还有一些更实际的事务需要讨论。

第二部分

集合预测，
理解混沌的世界

我将给你一件护身符。每当你感到怀疑或自我太过膨胀时，试一试以下的方法。回想你所见过的最为贫穷无助所苦的人，然后扪心自问，你接下去要做的事对那个人有利吗？他能从中获益吗？能让他重新掌控自己的生活和命运吗？

——圣雄甘地生前留下的最后的笔记之一[1]

罗伯特·梅（Robert May）称这些准则为"我做过最重要的事情"。它们建立了为政府提供科学建议的 3 个原则：完全接受不确定性，这意味着有时答案只能是"我们并不知道"；寻求广泛的意见，鉴于科学界和其他社群很少会完全就所谓的证据达成一致；保证建议的过程和结果公开透明。这些原则虽然简单，但从发布至今，一直保持着极为重要的地位。

——英国皇家学会为混沌理论先驱、
英国政府首席科学顾问罗伯特·梅勋爵撰写的回忆录[2]

第一部分讨论的理念将被用来为预测复杂且本质上不确定的系统开发实用工具。此处核心的思想是**集合预测：在改变不确定的初始条件和模型方程的情况下重复运行模型。**如果一个可靠的集合系统的离散范围很小，我们可以信任它能够做出相当精确的预测。相反，当离散范围较大时，我们只能用概率进行预测。这样一来，混沌的几何形状就体现在集合的可变离散范围上。**集合预测方法既可以应用于技术相当成熟并得到充分验证的天气和气候预测上，也可以应用于相应技术仍在发展中的医学、经济和冲突等领域。**鉴于要处理的是极其复杂的系统，正如第一部分所讨论的，用于进行集合预测的最佳模型在本质上是有噪声的。可以证明，对于用户而言，**一个可靠的噪声集合预测系统的价值大大超过了一个确定性的、提供更精确但不可靠的最佳方案的预测系统。**

———

THE PRIMACY OF DOUBT

THE PRIMACY OF DOUBT

第 **5** 章

——

用概率集量化不确定性，
做出相对精确的预测

前 4 章提供了帮助我们理解周边世界中不确定性的一些理念。现在，我们要将这一认知应用到实际的问题上，尝试预测这个混沌的世界。

我要预先说明的是，就本书所讨论的一些主题而言，特别是在医学、经济和冲突预测等领域，我并不是专家。然而，基于我在自己深刻了解的预测科学领域的经验，我还是冒昧地表达了我对这些领域的现状的一些看法。我想一些专家可能会因为我的莽撞干涉感到非常恼火。我完全理解，因为我也受到过一些并不太了解气候学的家伙们的批评。实际上，一个话题可以引起不同领域的多种观点是有益的。根据我的经验，如果将一个领域的现有观点应用到另一个领域中，进步就会发生。

初始条件只是解决方案的一部分

在科学复兴运动引导下出现的现代科学，似乎从未触及天气预测这一冷门领域。英国作家哈代在 1886 年出版的小说《卡斯特桥市长》（*The Mayor of Casterbridge*）中生动地描述了迈入 20 世纪后那种相当让人绝望的发展状态。小说的主人公是一位贩卖干草和谷物的商人，正在经历人生的危急时刻。为了赢回一些失去的财富，他向一位"气象先知"询问收获期的天气状况。那位自封的先知告诉他："通过观察太阳、月亮、星星、云彩、风、树木和草地、蜡烛的火焰和燕子、草药的气味以及猫的眼睛、乌鸦、水蛭、蜘蛛和粪堆，可以预测 8 月的最后两周将会出现雨和风暴。"

这位谷物商人实在是命运多舛，气象先知的预测是错的，商人因此遭受了巨大损失。

事实上，在《卡斯特桥市长》出版前几年，人们已经在尝试使天气预测更加科学化。一场惨剧推动了它的发展。1859 年 10 月 25 日，皇家宪章号蒸汽快船正在驶向其从墨尔本到利物浦的 60 天航程中的最后一站。它已经穿越了太平洋，绕过了臭名昭著的合恩角。这艘船上有 400 名乘客，其中许多人想将他们在澳大利亚赚到的血汗钱带回英国。经过安格尔西岛时，这艘船遭遇了一场异常猛烈的风暴。皇家宪章号失去了控制，它被抛向安格尔西海岬，撞在坚硬的岩石上。只有 41 名乘客幸存，妇女及儿童全部遇难。这一灾难令维多利亚女王执掌的英国受到了极大的创伤。

当其他人都束手无策时，有一个人认为他可以做点什么来防止这种损失再次发生。海军军官罗伯特·菲茨罗伊（Robert Fitzroy）曾担任贝格尔号的船长。英国生物学家达尔文此前正是搭乘这艘船开启了前往厄瓜多尔的加拉帕戈斯群岛的著名之旅，在那里他受到启发，进而提出了以自然选择为核心的进化论。生物学由此被彻底地革新。

在皇家宪章号失事的 4 年前，菲茨罗伊就已被任命为英国气象局的负责人。在那个时代，气象局不提供天气预报的服务。事实上，"预报"这个词当时还不存在，它是后来由菲茨罗伊创造的。菲茨罗伊想到了一个绝妙的主意。他意识到，以几年前发明的电报为工具，如果所有沿海的气象站在获取气象数据后将这些信息传递至气象中心的办公室，他就能利用自己的专业知识分析这些信息，并绘制出当前天气模式的空间图，再根据这幅图对未来几天的天气做出预测。

第一次风暴预警于 1861 年 2 月 6 日发布。它取得了非常成功的效果，《泰晤士报》还对菲茨罗伊的开创性工作表示了祝贺。在接下来的几年里，这项工作总体上进展颇为顺利。失事的船只变少了，菲茨罗伊的预测给媒体和公众留下了深刻的印象。然而，一些不准确的预测出现了。人们因此开始质疑菲茨罗伊的电报网的开支。最后，菲茨罗伊的一些从事科学工作的同事开始抱怨，认为菲茨罗伊的预测方法没有科学依据。1865 年，菲茨罗伊的健康状况开始恶化，他的精力和热情都被消耗殆尽。他陷入一种时不时就会出现的抑郁情绪。1865 年 4 月 30 日，星期天，菲茨罗伊没有按计划前往教堂，而是拿出一把刀割断了自己的喉咙。

菲茨罗伊准确找出了专业的天气预测的一个关键，即基于整个地域的观测，而不仅仅是对一个地点的观测。用现代术语来表述，就是他意识到精确的"初始条件"的重要性。当然，**初始条件只是天气预测解决方案的一部分**。

仅仅靠观测进行预测是不够的

大约在同一时期，在远离不列颠多风多雨的海岸的大英帝国的另一端，气象学再度向前迈进了一步。

冬去春来，阳光使亚洲大陆上，尤其是青藏高原上的大部分积雪开始融化。积雪消融殆尽，陆地变暖，地表温度开始上升。南面的印度洋同样能感受到太阳能量的变化，但是在这里太阳的能量使水分自海平面上蒸发，因此海洋升温的速度不及陆地快。[1] 于是，印度洋与北部陆地之间形成了显著的地表温度梯度。人们通常认为低纬度地区比高纬度地区更温暖，但印度洋与北部陆地的温度梯度却不一样。

这样一来，大量暖湿空气便开始向北移动到印度次大陆，堪称规模相当庞大的海风。当这股空气被迫翻越印度高止山脉的西部时，它逐渐变冷，其中的水分化作倾盆大雨。夏季季风抵达了。初夏的闷热和潮湿终于告一段落，许多人为此感到庆幸。丰富的降雨使农作物苗壮成长，印度次大陆的居民新一年的食物供给又有了保证。

然而，气候系统的混沌状态使每一年季风的强度都与上一年不同。在有些年景，季风完全不出现，当地居民不得不承受随之而来的干旱和痛苦。

19 世纪 70 年代，连续出现了多年季风迟迟不至的现象。受累于英国的帝国主义政策，干旱进一步演变成饥荒和死亡。英国相关政府部门找到本国的科学家，请他们来看一看是否可以对季风进行预测。1882 年，印度气象局开始制作印度的第一次季风预测。这个部门是在几年前成立的，当时由其第一任局长亨利·布兰福德（Henry Blanford）负责。季风预测不同于未来几天的天气预测，要对从 6 月至 9 月整个印度境内的平均降雨进行长期季节性的预测，而且要在夏季季风开始之前发布。

布兰福德确信成功预测季风的关键在于估算上一个冬天青藏高原的降雪量。冬季的降雪量越小，春天融化的雪越少，阳光对高原的升温效果就越显著。当大陆陆块的温度与印度洋相对恒定的温度构成的温差越大时，夏季季风的强度也就越高。

布兰福德将对喜马拉雅山群峰降雪量的观测视为位于其北方的整个青藏高原降雪的指标。就像菲茨罗伊在英国国内的早期预测一样,布兰福德的第一次预测相当成功。然而,在经历了一系列失败的预测之后,人们意识到显然其中一定有其他因素在起作用。

直至 1904 年,吉尔伯特·沃克(Gilbert Walker)出任印度气象局的第 3 任局长之后,天气预测的技术才又向前迈出了一大步。

沃克试图将季风强度与世界各地气象站对大气气压的观测相关联,从而改进其前任的长期预报技术。他发现,印度季风的强度往往与几个月前在南太平洋中部的塔希提岛和澳大利亚达尔文市观测到的大气气压差异有关。气压计能有效地测量出该仪器上方气柱的质量。不同地点之间气柱质量的系统性变化暗示着大气中存在某种大规模的环流。

沃克由此推断,印度季风的强度与太平洋热带地区和印度洋盆地上方的一些大规模的大气环流的指标相关,因此可以通过这些指标来预测。沃克提到的环流现在被命名为"沃克环流"。

沃克把塔希提岛和达尔文市之间的气压差变化称为"南方涛动"(Southern Oscillation),与他在北大西洋地区发现的"北大西洋涛动"相对应。但沃克并不知道哪些因素导致了这些涛动现象。

自菲茨罗伊到沃克,这些维多利亚时代的英国气象学家认识到,**气象观测对于做出准确的天气预测来说是至关重要的。然而,仅凭气象观测本身还远远不够。**

群体智慧，把所有预测平均起来

大约在 19—20 世纪之交，偶然跟随庞加莱学习过的美国气象学家克利夫兰·阿贝（Cleveland Abbe）和挪威气象学家维尔海姆·比耶克内斯（Vilhelm Bjerknes）各自独立地提出，如果将物理定律应用于这些观测，人们将能够做出更好的预测。具体地说，他们建议人们应该像第 3 章讨论的那样尝试解出纳维－斯托克斯方程及其他方程。他们指出天气预测应被视为一个科学的初值问题。人们要基于从某天起的初始条件，用物理定律来计算大气的未来状态。

一般认为，第一位尝试利用这些理念来进行天气预测的人是理查森。[2] 理查森于 1881 年出生在一个贵格会教徒家庭，这一出身塑造了他的和平主义精神，深刻地影响了他的一生。理查森于 1903 年从剑桥大学毕业，从事过多种不同的工作。第一次世界大战爆发之前，他刚好进入了更名后的英国气象局。战争爆发后，由于拒绝参战，他辞去了气象局的职务，参加了在前线附近活动的"公谊救护队"（Friends Ambulance Vnit）。在这段时期，每当空闲无事时，他就将时间花在他的开创性的天气预测运算上。

实际上，理查森的工作根本不能被称为天气预测，因为他要花好几个月的时间来计算数小时内的天气变化。然而从广义上讲，人们至今仍在沿用他开发的求解纳维－斯托克斯方程的方法。我在第 3 章中介绍过理查森的求解方法，该方法的核心是将地球大气划分为若干网格，并假设大气在这些网格中是均匀不变的。经过长达数周的冗长计算，理查森终于完成了他的预测运算，估算出一个网格在 6 小时内的大气气压变化。他的计算结果错得离谱，比实际状况高出 100 倍。

被理查森引入并导致如此荒谬预测的错误，实际上很微小。问题不在于预测的运算方式，而在于如何由有限的有效观测数据中建立初始条件。近些年，爱尔兰气象学家彼得·林奇（Peter Lynch）开发出一种算法，改进了用有效观测数据创建模型网格初始条件的方式。应用了这个算法后，林奇证明了理查森的预测方法可以变得非常准确。[3]

理查森的预测方法更大的问题在于它的运算速度比天气自身的变化慢得多。因此，在实践中，他的方法是无效的。理查森曾想象未来的天气预测工厂的景象，成千上万的人类"计算机"夜以继日、心无旁骛地进行运算，试图赶在天气变化之前完成对它的预测。如果将人类"计算机"替换为大型并行电子超级计算机内部独立的处理器，这个愿景实际上是非常有预见性的。

直到第二次世界大战结束，由于第一代电子数字计算机的发展，理查森的梦想才得以成真。当时正在普林斯顿大学任职的数学家和物理学家冯·诺伊曼组建了一个以朱勒·查尼（Jule Charney）为首的气象学家团队。由于他们所采用的模型是基于以纳维-斯托克斯方程为代表的物理定律，我在之后的文字中将统称它们为"物理模型"，以区别于菲茨罗伊、布兰福德和沃克开发的那种统计经验模型，后者有时也被称为数据驱动模型。为了运行这些物理模型，查尼的团队采用了世界上第一台完全可编程的电子数字积分计算机（Electronic Numerical Integrator and Computer，ENIAC）。

天气预测并非电子数字积分计算机的主要用途。它最初被设计为一个计算炮兵部队使用的自查表的工具，但它现实中的主要用途之一是进行与氢弹有关的计算。[4] 在这方面，冯·诺依曼和他的同事斯坦尼斯瓦夫·乌拉姆（Stanislaw Ulam）是该类型计算机的主要使用者。

事实证明，有关氢弹的计算有很高的难度，因为氢弹既是一个可以用经典物理定律来描述的所谓的经典装置，又是一个量子装置，它的能量主要源自氢原子核的聚变。正如第 4 章所说的，量子力学研究的对象是那些在适当的情况下可以被解读为概率的抽象的量。

乌拉姆非常清楚，当某些基本变量是概率性的而另一些不是时，计算本身有多么困难。一次疗养期间，他开始玩一种单人纸牌游戏。他发现自己输掉游戏的概率远远大于赢的概率。于是，他开始思考如何根据其背后的基本原理计算出赢牌的概率。如同与氢弹有关的计算一样，有关纸牌胜率的计算也有相当的难度。然而，就单人纸牌游戏来说，乌拉姆另有一个简单的选项。他可以重复玩这个游戏，直到次数足够多，然后计算自己获胜的次数。这样一来，他就获得了他想要的概率。

这对乌拉姆来说是一个顿悟时刻。他意识到，与其用概率来处理中子的扩散，不如用伪随机数生成器来创建中子潜在的确定性路径的集合，同时由电子数字积分计算机分别对这些确定性路径进行计算，最后求所有计算结果的平均值。后一种方法比直接处理概率的问题简单得多。从本质上讲，这等于是让计算机来承担艰苦的工作，因为电子数字积分计算机不介意一遍又一遍地重复计算中子扩散的过程。

乌拉姆和冯·诺伊曼觉得这个新方法非常重要，于是决定给它起一个秘密的名字。他们选择了"蒙特卡罗"这个代号，它是乌拉姆的叔叔在摩纳哥去过的一个赌场的名字。

我们用一个简单的例子来说明蒙特卡罗方法。假设现在要在不用计算器的前提下估算 $\pi/4$ 的值。圆的面积等于（$\pi/4$）$\times D^2$，其中 D 是它的直径。用蒙特卡罗方法估算 π 的过程如下：取一张纸，在上面画一个面积为 D^2 的正方形，由图 5-1 可见，它正好将直径为 D 的圆包含在内。在纸上随机地撒一些种子。这里，种子的随机分布对应着前文提到的重复运算。现在数一下落在正方形内部的种子的总数 N_1，将其中落在圆形内部的种子数量定义为 N_2。如果落在纸上的种子确实是随机分布在正方形内部的，那么当种子的总数越大时，N_2/N_1 的比值就越接近 $\pi/4$。

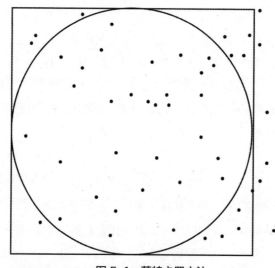

图 5-1　蒙特卡罗方法

在一张纸上画出一个正方形以及与其相切的最大的圆形，然后随机将种子撒在上面。利用落在圆形内部的种子总数与落在正方形内的种子总数之比可以估算出无理数 π/4 的值。

乌拉姆的顿悟时刻与许多著名科学家所经历的情况十分相似。这些重大发现往往发生在他们放松的时候。就乌拉姆来说，他正悠然自得地玩纸牌游戏。为什么顿悟时刻似乎只发生在科学家放松的时候？稍后我还会在书中谈及这一点。

美国物理学家和数学家查克·利斯（Chuck Leith）一定知道乌拉姆和冯·诺伊曼的方法，他在第二次世界大战之后也参与了氢弹的研究工作。20

世纪 50 年代，利斯决定改换职业方向，进入当时正快速发展的气候模拟领域。基于他所了解的乌拉姆和冯·诺伊曼的工作，利斯在 1974 年写了一篇论文，提出蒙特卡罗方法也可以被应用于天气预测领域。利斯建议，相比于只运行一次预测模型，研究人员应该在略有不同的初始条件下多次运行模型，每个初始条件都对应着研究人员在一开始获得的不太完善的观测结果。就像用蒙特卡罗方法模拟氢弹那样，研究人员随后可以对所有的预测结果求平均值。

假设某个低气压系统具有很高的不确定性，当蒙特卡罗预测方法中的某次预测认为气压有可能下降时，另一次预测可能得出同一地点的气压将会上升的结论。对两次预测求平均值，得到的结果是气压完全没有变化，既不会上升，也不会下降。这样一来，求过平均值的蒙特卡罗预测会过滤掉天气变化中不可预测的部分，而只留下可预测的部分：蒙特卡罗方法中所有单次预测共有的部分。利斯估计，为了最大限度地利用蒙特卡罗预测的优势，只需要对大约 10 次预测求平均值。

对多个不够准确的单次预测求平均值的方法可以得出更有效的预测结果，这种理念本身并不新鲜。1906 年，英国统计学家弗朗西斯·高尔顿（Francis Galton）观察到一种现在被学界称为"群体智慧"的现象。在一个乡村集市上，800 人一起竞猜一头公牛的体重。高尔顿注意到，由 800 个不准确的猜测中得出的预测平均值与公牛真实体重的误差在 1% 以内。再来看另一个例子，20 世纪 80 年代，金融学教授杰克·特雷诺（Jack Treynor）让他的 56 名学生猜测罐子里有多少颗软糖。正确的答案是 850 颗。全班只有一名学生的猜测比整体的平均值 871 颗更好，也就是说平均值的误差只有 2%。

如果冯·诺伊曼和乌拉姆能向查尼和他在普林斯顿大学的研究团队多透

露些信息，蒙特卡罗的天气预测就能率先在电子数字积分计算机上应用了。但是蒙特卡罗方法是保密的，所以他们无法对话。二者的结合就这样被延后了 40 年。

相反，早期的天气预测模型只根据该模型的单次确定性运行来预测第二天的天气。直到数十年之后，天气预测员才逐渐彻底依赖这些预测模型，而放弃自己的经验法则。

由于基于物理模型的计算机预测越来越成功，气象学家开始好奇它们能预测多长时间内的每日天气。我们在第 1 章中提到过，洛伦茨在 1963 年发表的论文中表明，人们不可能无限地预测未来。然而，到 20 世纪 60 年代末，在一些研究的支持下，人们普遍认为应该可以预测未来大约两周之内的每日天气变化，正如我在第 3 章中介绍的那样。就这样，两周成了"确定性可预测性的极限"。

1975 年，欧洲各国聚集自己的人才和计算资源，建立了欧洲中期天气预报中心。这个位于英格兰南部雷丁市的新组织的主要目的是建成一个可以预测天气详细演变的预测系统，其预测上限须达到两周这一确定性可预测性的极限。

在应用电子数字积分计算机初期，天气预测只能提前一天发布，而且只针对美国这个特定地区，它没有必要为热带或南半球的气象变化建模。因此，早期的物理模型都有其地域边界。然而，一旦要提前两周进行预测，地球上任何一个地点的天气都会对其他地方的天气产生影响。一个事实逐渐浮出水面，那就是，为了实现提前两周预测的目标，气象学家必须建立基于全球范围的物理模型。

在成立欧洲中期天气预报中心的过程中，欧洲各国准确地认识到，成员国没有必要分别建立自己的全球模型，而应该共同努力建立一个使所有欧洲公民平等受益、单一的全球预报系统。从发布天气预测的第一天起，欧洲中期天气预报中心实际上就已成为世界上最高水平的中期天气预测中心。如今，这个预报系统可为世界上所有的公民服务，而苦于极端天气之害的人们更是因此获益良多。

20 世纪 60 年代，挪威气象学家比耶克内斯的儿子雅各布·比耶克内斯（Jacob Bjerknes）对沃克的发现产生了兴趣。为什么可以通过南方涛动指数（即塔希提岛和澳大利亚达尔文市之间的地面气压差）来预测印度季风的强度呢？雅各布早在 1940 年就已移民到美国，并在加州大学洛杉矶分校创立了气象系。有一个问题让他感到疑惑：南方涛动为什么每年都在变化？他逐渐意识到，答案源自一种秘鲁渔民几个世纪前就已发现的海洋现象。

在正常情况下，太平洋赤道附近的海水温度呈西高东低的状态。这种现象是由从东向西吹过太平洋赤道区域的信风造成的。信风在拂过南美洲海岸附近时使冷水从海洋深处上涌。秘鲁的渔民们发现，在某些年份，这种正常状态会被完全打乱。气候的混沌变化再次发挥它的威力！当扰动出现时，东太平洋的信风和冷上升流减弱，海水变暖。对渔民来说，这是个坏消息，因为上涌的海水往往会携带硝酸盐和磷酸盐等营养物质，它们是沉在海底的有机物分解后的产物。因此，当上升流停止时，营养物质的来源就被切断了，鱼群要么被饿死，要么就要向别处转移。在这些扰动发生的年景里，它们的活动迹象往往首次出现在圣诞节期间，因此又被称为厄尔尼诺（El Niño）现象。"El Niño"在西班牙语中意为"圣婴"。[5]

雅各布·比耶克内斯意识到东太平洋赤道地区海水温度不时出现的异常变化与沃克发现的南方涛动的变化密切相关。比耶克内斯假设存在一个与热带太平洋及其上方大气之间反馈有关的动力学过程，并用它来解释厄尔尼诺现象和南方涛动。由于比耶克内斯的贡献，我们现在通过厄尔尼诺－南方涛动现象（ENSO）一词将两者紧密地结合在一起。事实上，在一定程度上正是由于比耶克内斯的努力，人们现在认为大气与海洋都是一个单一且动态耦合的整体中的组成部分。

20 世纪 70 年代，人们开始认识到，当厄尔尼诺－南方涛动现象发生时，它不仅会波及印度季风，还会通过所谓的大气遥相关向全球传播。[6] 事实上，通过大气遥相关，厄尔尼诺现象还可以影响由沃克命名的北大西洋涛动乃至欧洲的天气。[7]

通过这种方式，大气与其下方的海洋以及关联程度更小的陆地之间的互动就为在时间尺度上远远超过两周这一确定性的可预测性极值的天气预测提供了条件。

那么，长期可预测性存在的可能性是否与第 3 章中讨论过的蝴蝶效应相冲突呢？答案是否定的。厄尔尼诺－南方涛动现象改变的是以季节为单位的天气的统计特征。例如，在了解到厄尔尼诺－南方涛动现象之后，人们就可以预测在一个季度内大西洋飓风可能出现的次数以及它们的典型强度和路径，尽管就独立的一场大西洋飓风来说，它的强度和路径可能在几天之后就演变得难以预测。

到了 20 世纪 70 年代末，气象学出现了一个分支。复杂的物理模型被用来预测两周内的天气，而简单的统计经验模型则被用来预测以月或季度为单位的天气变化。由物理模型得出的预测是精确和确定的，会给出如"今天会是晴天"或"不会有飓风"之类的预测，而统计经验模型的预测是基于概率的，因此后者本质上是不确定的。

开发这两种预报系统的气象学家几乎没有交流，各自使用的方法论也几乎没有任何共同点。

可靠地预测不确定性

我在 20 世纪 70 年代获得广义相对论博士学位之后，加入了英国气象局。我用几年的光阴研究平流层[8]这一上层大气的非线性动力学。1982 年，我被派到从事长期天气预测的部门。当时，我对这个职位不是非常热心，但从事科学公共服务的人在这类事情上往往不能随心所欲。然而，随后的发展证明，它可能是我个人科学生涯中最美妙的一段经历。

美国国家航空航天局的印度裔气象学家贾格迪什·舒克拉（Jagadish Shukla）和普林斯顿大学的日裔美国气象学家都田菊已经着手利用大气物理模型进行月度预测的开创性工作。舒克拉的研究指出，被观测到的海面温度的缓慢变化为大气物理模型提供了所谓的"下边界条件"，这些边界条件能够以月为单位生成模型内可预测的大气环流。[9]这些研究让我意识到，当与传统的统计经验模型相比，物理模型可以在长期天气预测中发挥较大的价值。我的同行福兰和帕克已经建立了面向整个英国的月平均天气预测统计经验模型。这些统计经验模型能够预测基于不同时长的各类大气环流模式发生的概率。它们的预测被卖给供水、电力、天然气等领域的公用事业公司，为其接下来几周乃至几个月的工作计划提供参考。

我和我的团队产生了一个想法，物理模型是否可以被用于强化面向整个英国进行长期天气预测的统计经验模型？有可能。但是，为了将统计经验模型与物理模型方法相结合，后者需要在一定程度上具有概率性。

显然，我们需要借助利斯多年前提倡的蒙特卡罗方法。但是，我们没有像利斯建议的那样对所有预测结果求平均值，而是去估计由集合中每一次预测得出的各类天气模式对应的概率。1985 年 11 月，我和同事墨菲以最新一代的物理模型为基础，建立了世界上第一个集合天气预测系统。[10] 如果按照今天的标准来看，它可谓是一个相当简陋的系统。

我记得自己当时在想，为什么我们只能以月为单位来进行集合预测？为什么我们不能在更短的时间尺度上，比如在两周这一确定性的可预测性极限进行这些集合预测呢？1986 年，我加入了欧洲中期天气预报中心，目的就是在这方面做一些尝试。我想采用墨菲和我最新开发的集合系统，执行在欧洲中期天气预报中心被当作工作重点的、限于两周之内的某种预测。

我的研究同事和在媒体工作的天气预测员抵制我的想法。他们将确定性预测以两周为极限视为确定性预测和概率性预测之间的天然分界。我的同事们认为，当预测的时间跨度小于两周时，你所要做的只是用一个最优模型，根据一个最佳的初始状态做出最佳预测。因此，当可以获得更多新的计算资源时，请注意这可是一个计算速度随时间呈指数增长的时代，这些同事坚持认为应该专注于改进最佳模型和最佳初始状态，而不是利用多次集合预测来估算预测的不确定性。此外，预报员也不喜欢集合预测的概念，他们认为公开估算不确定性的方式在一定程度上削弱了他们的专业性。他们强调他们的工作是报告未来天气的真实发展，而不是它可能会变成什么样子。

对上述二者的观点我都不同意。大气是非线性的，它的可预测性每天都在变化。从图 2-7 所示的简单的混沌模型中可以看到可预测性的变化情况。地球大气可能在连续许多天里都处于可以预测的状态，因此确定性预测可以对未来很长一段时间做出准确的预测，如图 2-7（a）所示。然而，有时地球大气却处于明显的混沌状态，即使只预测接下来的几天，确定性预测也无法得出精确的结论，如图 2-7（c）所示。然而，预报员每天持续向公众发布这些确定性的预测，却不知道此刻大气的状态是可预测的，还是处于混沌之中。如果它正处于后者，那么，**把最佳预测当作重要决策的依据，可能比没有预测更糟糕。如何区别科学与伪科学呢？一个关键的因素是处理不确定性或估算误差范围的能力。**位于确定性的可预测性区间内的天气预测不提供可靠的方法来估算误差范围。

不过，要相对可靠地估算误差范围，集合系统所需的预测次数要远远多于利斯估计的 10 次。集合预测方法确实需要花费大量算力。我那些笃信确定性的同事们可不高兴。

前文中提及的英国 1987 年风暴，在某种程度上可谓天赐的实验对象。我们利用我们的集合系统回顾了这次风暴。在用计算机模拟这一过程时，我们以风暴袭击英国前两天的数据作为该集合的初始条件。50 次集合预测采用了真实但不完全一致的初始条件，你可以认为这代表蝴蝶在扇动它的翅膀。仅仅两天后，50 次集合预测就显现出远超出我预期的分歧，参见图5-2。一些集合预测显示英国将出现强烈的风暴，其他集合预测则显示未来的天气相对温和。在那段时间，英国上空的大气正处于异常不可预测和混沌的状态，存在非常丰富的潜在可能性。它是图 2-7（c）所显示的洛伦茨系统的不确定性爆炸性增长在现实世界中的体现。

接下来，要如何处理这 50 次预测呢？最不可能的选项就是像利斯建议的那样对这些预测求平均值。一旦求出平均值，出现风暴的可能性就会被抹除，研究人员也不再有机会预测到出现风暴的可能性。

相反，我们可以数一数预示了异常风暴的集合测试的数量，并将其视为一场异常风暴出现概率的基于频率的估算。图 5-3 是对这一处理过程的展

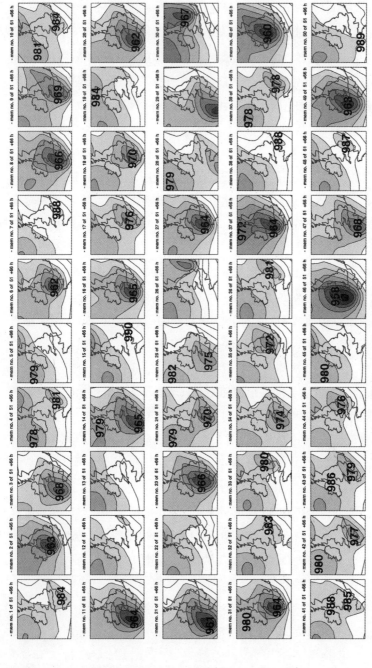

图 5-2 模拟 1987 年风暴得出的 50 次集合预测

这是对 1987 年 10 月 16 日上午的天气进行的集合预测,其初始气象条件始于 10 月 13 日中午。图中展示了 50 张预测地面气压的"邮票地图"。由于初始气象条件和模型方程本身存在的不确定性,对于 16 日的天气预测出现了极大的分歧。有的预测显示可能会有强烈的风暴,有的预测则预示着平稳的高气压天气。

示。它生动地展示了对风暴出现概率的预测。由图 5-3 可知，异常风暴在英格兰南部上空形成的概率约为 30%。考虑到"在赫特福德郡、赫里福郡和汉普郡，飓风几乎从未发生过"，30% 这一概率与人们先前对英格兰南部出现飓风的预期可谓天差地别。[11] 至少，在意识到存在这样的可能性之后，明智的人会出于谨慎把昂贵的新车停在车库，而不是一棵大橡树下。

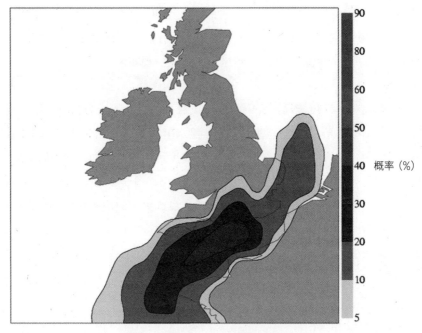

图 5-3　模拟 1987 年风暴的概率图

在图 5-2 展示的集合预测的基础上，这张图显示了 1987 年 10 月 16 日出现飓风级别强度的大风的概率。

如果说有一个确凿无疑的例子能够证明集合预测的必要性，那就是英国 1987 年风暴。所有的争论和讨论都已经尘埃落定。欧洲中期天气预报中心的集合预测系统在 1992 年末投入运行。[12] 与此同时，我的同行尤金妮亚·卡尔瑙伊（Eugenia Kalnay）和佐尔坦·托特（Zoltan Toth）在美国国家气象局实施了一个类似的项目。之后，世界上所有运营中的天气预测中心都采用了某种形式的集合预测系统。

　　当然，如果这样的集合系统总是预测英格兰的飓风，那它就毫无用处。图 5-4 展示了一组针对某个典型状况生成的集合预测"邮票地图"，所谓的典型状况，具体地说是我写作本书时的一次为期 3 天的天气状况。与图 5-2 相比，这 50 张气压图看起来非常相似，暗示有很高的概率在中西欧部分地区将有一阵凉爽的北风吹过，而英国不太可能出现飓风。

　　集合预测不仅仅能够预警中纬度的风暴。图 5-5 所示为 3 个热带气旋 / 飓风的一周整体预报路径。图 5-5（a）显示了 2007 年袭击孟加拉国的飓风"锡德尔"的 50 条预测路径。它的路径是高度可测的。孟加拉国当局发出了明确的风暴预警，这场风暴几乎没有造成伤亡。图 5-5（b）展示的是臭名昭著的飓风"卡特里娜"在袭击美国新奥尔良 5 天前的预测路线。它的路径看起来就不那么容易预测了。在这个时间范围内，它最有可能的路径实际上是直奔佛罗里达。然而，它还有另一个可能性仅次于佛罗里达的路径，即经过墨西哥湾并到达新奥尔良。随着登陆时间的临近，第二种可能性变得越来越大。"卡特里娜"代表着一类只能在一定程度上进行预测的事件。图 5-5（c）展示的是 2012 年大西洋飓风"纳丁"的集合预测。可以看出，"纳丁"接下来的行进方向是完全不可预测的。

　　如今，天气类软件应用中常见的概率预测提供基于集合方法的概率预测，精度可达到邮政编码对应的地域分区级别。为了做到这一点，要对物理模型输出数据应用一些额外的"降尺度"软件。人工智能技术在这个领域正变得越来越重要。

图 5-4　典型状况下的天气集合预测

始自 2021 年 11 月 26 日、为期 3 天的欧洲地面气压集合预测的"邮票地图"。与图 5-2 相比，这些集合预测的分歧并不明显。本图所展示的情况在天气预测中更为常见。

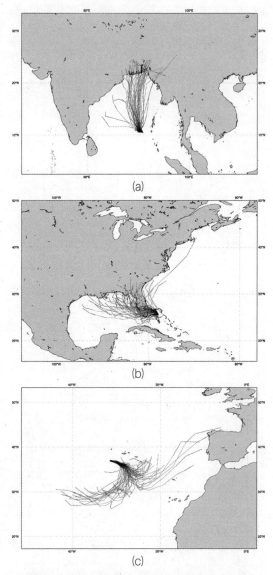

图 5-5　为期一周的热带气旋 / 飓风的集合预测

这张图展示了使用欧洲中期天气预报中心集合预测系统制作的为期一周的热带气旋 /
飓风路径的集合预测。图（a）：锡德尔，预测性较高。图（b）：卡特里娜，预测
性较低。图（c）：纳丁，完全不可预测！

那么，概率预测究竟是什么意思呢？这值得思考。毕竟，做出概率预测很容易，而且似乎永远不会出错。你只要指出，"明天下雨的概率是 80%"，如果第二天下雨了，你可以自夸："嗯，我确实说过今天很可能会下雨！"如果没有下雨，你也可以为自己开脱："嗯，我确实说过今天可能不会下雨！"因此，如果要投入大量的计算资源来估算这些概率，我们最好确定我们知道一个有 80% 概率的预测到底意味着什么，以及预测系统是否正确地捕捉到它。

假设天气应用软件显示，在周二下午 6 点到 7 点，我所在的城镇下雨的概率是 80%。它要传达的并不是在这一时间段内，雨水会降在这个城镇 80% 的土地上，也不是说 6 点到 7 点有 80% 的时间会下雨，更不意味着有 80% 的天气预报提供者认为在那个时间段会下雨。那么，这个概率究竟代表什么呢？

假设我们可以访问欧洲中期天气预报中心或其他天气预报提供者在过去一年的所有集合天气预报。由于每天有两次集合预测，一年共计 730 次。我们现在要从所有预测中找出那些预测周二下午 6 点到 7 点我所在的城镇有 80% 概率下雨的预测。换句话说，我们要在由 50 次单独预测构成的集合预测中，找出 40 次预测在那个时间段内会下雨的单独预测。

我们暂且假设过去一年中有 35 天被预测出下雨概率为 80%。如果预测是可靠的，我们就应该期望在这 35 天中有 80% 的天数实际是下了雨的，也就是说，其中有 28 天下了雨。如果我们发现当预测的概率是 80% 时，在 35 天中只有 3 天真的下了雨，那么这个集合预测系统就可能不够可靠。[13]相关人员需要重新研究和开发，以解决集合系统未能正确体现预测不确定性的问题。

更广泛地说，如果集合系统生成的预测概率是可靠的，那么当预测某个天气事件有 $p\%$ 的概率时，这个天气事件实际发生的次数就应该是 $p\%$ 与所有可能发生这一事件的情况次数的乘积。**我们正在做的是将集合预测得出的概率与现实世界中发生的频率相比较。集合预测的作用正表现在预测发生概率与实际发生频率之间的联系上。**

事实证明，通过与实际发生频率精确校准的方式，建立一个可靠的集合预测系统是非常具有挑战性的，特别是在预测最极端的天气类型时。仅仅在初始条件中加入随机扰动根本不足以建立可靠的集合预测，在这类扰动的作用下，集合中的单次预测通常不会像一般状态下那样迅速发散。因此，这些集合预测会低估预测的不确定性，其给出的预测概率则是过度高估的。基于这类不可靠的飓风出现概率来决定何时疏散城市可能会产生灾难性的后果。为了准确预测不确定性，我们必须了解面前有待处理的不确定性的本质。怀疑的首要性在此再次得到彰显。

为了在集合天气预测系统中准确展现"蝴蝶效应"，行业专家为此付出了多年的艰苦探索。其中一个主要障碍是，影响预报初始状态的诸多过程中的误差表征难以量化，比如在将观测数据注入经简化的大气模型中时，数据信息的丢失会达到何种程度。为了解决这种不确定性的"不确定性"，行业专家采用了广义不稳定性理论中的一些技术。从本质上来说，核心思想是将集合的初始扰动集中于大气环流最不稳定的状态空间方向。这一类扰动又被称为"奇异向量"。如果没有奇异向量的扰动，集合中的单次预测就会表现得过于聚集，从而因过分高估而产生不可靠的概率估算。后文讨论集合冲突预测时，我们还会再次提到这些奇异向量，因为这一概念具有相当广泛的适用性。由于这些特殊类型的扰动的存在，当前的集合预测系统并非最初利斯所设想的那种简单的蒙特卡罗预测系统，所以我们现在用更广义的"集合预测"来描述它们。

　　欧洲中期天气预报中心的由 50 次独立预测构成的集合预测系统自 1992 年开始实施以来，一直与传统的、单次最优预测的确定性预测系统并行运行。后者的模型空间分辨率大约是前者的 2 倍，因此能够提供更多细节。但是，我们一直无从知晓是否值得为这些额外细节付出代价。当我在撰写本书时，欧洲中期天气预报中心决定自 2023 年起，集合预测系统的水平分辨率将被提升至 9 千米，与确定性的预测模型的分辨率持平。在 2023 年，集合系统实际上已经成为欧洲中期天气预报中心唯一使用的预测系统。这标志着将集合预测引入天气预测领域这一漫长科研路径终于达成了它的目标。

　　在结束本章之前，让我们暂且回头看一看超出两周这一确定性可预测性极值的月度乃至季度预测。利用海洋－大气耦合系统的物理模型预测厄尔尼诺－南方涛动事件的能力在 20 世纪 80 年代取得了重大进展。在这个领域，美国科学家走在了前面，尤以哥伦比亚大学的马克·凯恩（Mark Cane）和史蒂夫·泽比亚克（Steve Zebiak）为代表。他们开发出一个关于热带太平洋系统及其上方大气的物理模型，该模型模拟了雅各布·比耶克内斯在 20 世纪 60 年代就发现的基本的海洋－大气耦合动力过程。根据凯恩和泽比亚克的研究，厄尔尼诺－南方涛动事件似可提前一年被预测到。[14] 1986 年，在英国皇家学会在伦敦举行的一次会议上，我第一次听到凯恩谈及他的模型，至今仍记忆犹新。在演讲的最后，凯恩指出他预测在 1986 年与 1987 年交替之际会发生厄尔尼诺－南方涛动事件。现实的发展正如他的预测一般。有人或许会认为这次预测的成功正如其前人菲茨罗伊和布兰福德的预测一样，只不过体现了新手的运气而已。但这一次，凯恩的成功并非如此。

　　无论如何，**一次性的确定性预测无法可靠地进行这类预测，集合预测现在则成为所有季度预测系统的关键组成部分。集合预测可以预警在世界的哪些地方有可能出现长期干旱、异常的飓风或多雪的冬天。**事实上，由于现在许多气象中心发布季度气象预报，以及海洋－大气模型中分辨率缺陷所带来的大量的不确定性（我将在第 6 章中详细介绍这一点），将不同预测机构的各种模型的输出结果组合成一个多模型集合系统，是非常有意义的。我主导了一个国际项目，开发了最早一批多模型季度集合预测中的一个。[15] 我们用它来预测欧洲农作物产量以及非洲疟疾疫情暴发的概率，这是季度预测众多应用中的两项。此外，多模型集合技术也被政府间气候变化专门委员会用来预测气候变化，以及更多的机构将它应用于预测疫情的传播。

THE PRIMACY OF DOUBT

第 6 章

——

预测气候变化，
用概率的方式解释特定的天气

关于气候变化有各种各样的论述，有人称它是一场潜在的灾难，有人则认为它仅仅是对气候系统的轻微干扰，并不具有重大意义。这是两种截然不同的观点。那么，哪一种从科学的视角来看才是正确的？我们又应该如何从"怀疑的首要性"的角度来看待气候变化？

让我们首先审视一下这个辩题的正反双方。正方认为：

> 人类正面临一场气候危机。这一危机源于我们大量地燃烧煤炭、石油和天然气等化石燃料。这个过程始于工业革命并一直延续至今。在此期间，人类向大气中释放了数以千亿吨的碳，其中绝大多数曾被储存在地下达数亿年。人类通过这种方式将大气中二氧化碳的浓度提高到数百万年来从未达到的水平。
>
> 除非停止使用化石燃料，否则二氧化碳的浓度将继续上升。由于二氧化碳是一种温室气体，碳排放将导致大气变暖，引发包括致命高温、极罕见的强风暴以及在海水变暖和冰山融化之后海平面上升达数米等灾难性变化。
>
> 此外，被释放到大气中的碳会在那里滞留数百乃至数千年。我

们必须立即停止碳排放。

反方则表示：

　　这种危言耸听的警示未免过于夸张。二氧化碳是大气中的一种"微量气体"，其浓度以百万分之一为单位计量。自工业革命以来，它在大气中的浓度仅增加了万分之一，是非常微小的增长。实际上，根据计算，二氧化碳浓度倍增所导致的温度上升仅略高于 $1℃$。这不但不足以被称为灾难，而且几乎可以被忽略不计。在现实中，每 24 小时内的大气温度变化都超过 $1℃$。

　　况且，洛伦茨的重要发现指出气候的混沌性质决定了它永远不会重复自己。根据洛伦茨的理论，气候等混沌系统总是处于不断变化之中，人们永远无法确定大气中某些异常的变暖迹象是否仅仅是限于内部的活动变化，即使这种迹象已经创造了新的纪录。无论如何，有关气候变化的预测毕竟只是一种长期天气预测，而由混沌理论可知，这样的长期预测是无法实现的。因此，关于致命高温和海平面大幅上升的预测完全是一种臆想。

　　不仅如此，当前使用的气候模型存在缺陷且不够可靠。如果我们回顾 30 年前的气候变化预测，就会看到那些模型预测出的增温效应明显过于夸大了。事实上，气候模型做出的预测何时曾变成现实？

　　而且，从任何角度来看，二氧化碳在大气中的浓度增加其实是一件值得高兴的事。大气中新增的二氧化碳分子能够使植物生长得更加苗壮，地球也将因此变得更加生机盎然。

至此，我已经尽可能准确和客观地概述了正反双方的观点。双方的观点听起来都有一定道理。

在继续介绍气候变化这一学科之前，我需要找到两个合适的词来指代以上两种观点。"气候怀疑论者"（climate scepic）有时被用来形容持反方观点的人。实际上，包括气候专家在内的一切科学家在本质上都是怀疑论者。第 1 章介绍过的研究混沌和生态学的罗伯特·梅认为科学的特征就在于"组织化的怀疑论"。另一个人们经常使用的名词是"气候否定论者"（climate denier），但由于在词形上与否定第二次世界大战期间屠杀犹太人的名词之间的联系，这个词对很多人来说带有冒犯的意味。为了保持立场的中立，我提议将正方的观点称为"气候极端主义"，而将反方的观点称为"气候温和主义"。[1]由此，我们要回答的一个重要问题是：在以这两种观点为端点而构成的光谱中，气候科学处于哪个位置？它是偏向其中一个端点，还是位于二者的正中间？

极端主义者认为人类正走向灾难的确定口吻似乎与本书"怀疑的首要性"的宗旨并不契合。因此，我们或许应该更多地关注那些行事谨慎且强调在认识气候系统时要面临不确定性的温和主义者。

然而，正如上一章所强调的，对于不确定性的估算必须足够可靠，也就是说，既不过分高估，也不过分低估，它才会对是否削减碳排放这一类的决策有影响力。夸大和低估不确定性同样是有害的。如果菲什每晚在电视上警告英格兰南部的居民有飓风袭击的可能，那么当飓风真的袭来的那一天，没人还会在意他的警告。

在影响深远的《贩卖怀疑的商人》（Merchants of Doubt）一书中，娜奥米·奥雷斯蒂斯（Naomi Oreskes）和埃里克·康韦（Erik Conway）塑造了一群利用研究中难以避免的不确定性来模糊对从吸烟到全球变暖等问题的科学认知的科学家和科学顾问。[2]奥雷斯蒂斯和康韦的著作似乎不支持"怀疑的首要性"的理念！然而，两位作者批判的目标实际上是由于意识形态或商业方面的原因而有意夸大不确定性。显然，我们今天同样要警惕为了使预测看起来比实际上更可靠而过分地夸大不确定性。

简言之，在尝试预测气候变化将给人类带来什么影响时，对不确定性的估算必须足够可靠。我们如何实现这一点呢？通常，我们用第 5 章中预测天气的集合技术来估算不确定性。但是，如果要以客观、科学的方式描述气候变化，我们必须首先解释集合技术在预测气候变化时的 3 种功能：估算气候学中不确定的反馈效应；估计气候政策对气候变化的影响；区分混沌系统自生的变化和人为施加的影响。

通过集合技术的第一种功能，我们可以估计出温室气体排放对全球气温的影响有多大。通过它的第二种功能，我们可以评估缓解行动是否有效。通过它的第三种功能，我们不仅能评估观测到的天气和气候变化在多大程度上是自然形成的，换句话说，**气候总是处于不断的变化之中**，我们还可以尝试**以概率的方式将一些特定的天气事件归因于气候变化**。

我们无法 100% 确定天气事件的原因

让我们先从最基础的知识开始。什么是温室气体？二氧化碳被称为温室气体，是因为它对太阳发出的可见光和紫外线中的光子相对透明，而对温度较低的、地球向太空发射的、低能量的红外光子则相对不透明。[3] 想象一下，当我们从太空中戴着红外线护目镜向下看地球时，我们看不到地球表面蔚蓝的大海，只能看到从距离地表数千米的地球大气发出的红外光子的模糊影像。[4] 这些光子源自大气中的温室气体。由于这些红外光子形成的雾，我们几乎完全无法看到地球的表面。

假设我们突然使大气中的二氧化碳气体增加 1 倍。那么从太空中看，地球的表面将变得更加模糊难辨。温室气体形成的雾也变得更加厚重。鉴于二氧化碳是一种"混合良好的气体"，这意味着如果使大气中的二氧化碳含量增加 1 倍，它的浓度在大气的每一处都将增加 1 倍。这样一来，我们透过红外线护目镜看到的光子总体上说来自地球大气中较高处的温室气体分子，因为之前通过护目镜看到的气层现在在一定程度上被上方新增的温室气体分子遮挡了。但是，在大气层中的位置越高，气体的温度就越低，从而向太空发出的红外光子的能量也就越小。因此，地球就会处于一种能量不平衡状态：太阳带给地球的能量高过地球向太空辐射的能量。地球变暖是唯一使其恢复平衡的方式。地球首先在向太空辐射能量的气层开始变暖，然后又逐渐将这一效应传至地表。[5] 根据这一理论，当大气中的二氧化碳含量比工业化前的水平增加 1 倍时，地球表面的升温将略微超过 1℃，这是一个不值得大惊小怪的数字。至此，气候温和主义者是正确的。

然而，二氧化碳并非地球大气中唯一的温室气体。实际上，若从分子层面比较，它根本称不上是效应最强大的温室气体。爱尔兰物理学家约翰·廷德尔（John Tyndall）早在 19 世纪已发现，地球大气中最重要的温室气体实际上是水蒸气，即水的气态形式。当天空看上去呈湛蓝色且没有一片云彩时，空气中仍然富含大量的水蒸气。它对可见光来说基本是透明的，因此我们通常看不到它。然而，对于处在红外波段的光来说，它却是不透明的。因此，如同二氧化碳气体一样，水蒸气也可以阻挡地球向外辐射能量。

几乎每个人都知道，液态水对于地球上的生命来说至关重要。然而，廷德尔认识到，作为温室气体中的一种，水蒸气对于生命的意义同样不容小觑。廷德尔以雄辩的措辞写道：

> 人类要靠衣服保暖，水蒸气则是英格兰土地上植物生长不可或

缺的毯子。在夏夜移走覆盖在这个国家上空的那些水蒸气，哪怕只有一个夜晚，也足以摧毁所有易被冻伤的植物。我们的田野和园圃都将毫无保留地将热量释放到空中。当太阳再次升起时，它将照耀在一个被冰霜覆盖的岛屿之上。

考虑到这一点，你可能会感到好奇，那我们为什么还要担心大气中二氧化碳浓度的增加，难道不应该更担心水蒸气的影响吗？

实际上，科学家确实担心大气中由水蒸气含量改变所造成的温室效应。但他们最担心的不是水蒸气的直接排放量，而是排放的二氧化碳气体对水蒸气造成的连锁影响。具体来说，当地球大气因二氧化碳的排放量而轻微变暖时，它的变暖程度将因大气中水蒸气含量的连锁上升而被大大加深。

我们更加熟悉的可能是这个过程的逆过程。在凉爽的秋夜，日间温暖、湿润的空气逐渐冷却，其中的水蒸气凝结成雾或低层云中的小水滴。相较于日间温度较高的空气，夜间的空气越凉，它含有的水蒸气分子就越少。然后，随着新一天的到来，空气再次变暖，凝成的水滴又慢慢被蒸发成可被光穿透的水蒸气。

大气中这一放大的连锁效应其实是一个正反馈的过程。人们向空气中排放二氧化碳，导致地球大气略有升温。由于海洋和陆地上水分的蒸发，暖空气中的温度变得更高。新增的水蒸气引起的温室效应加剧了单独由二氧化碳气体造成的大气变暖。二氧化碳浓度倍增导致的温度上升只比 1℃ 多一点点。然而，如果加上水蒸气的反馈，温度的上升将增加到比 2℃ 略多一点点。假如再考虑到随着地球的变暖，地球表面有反射作用的冰雪开始融化，地表将会吸收更多的太阳能，大气的升温幅度将进一步增加到 2.5℃ 上下。在这种情况下，气候变化就逐渐演变成一个需要被关注的问题。

我们可以清晰地认识上述这些反馈过程。然而，对于另一个与水相关的反馈过程，也就是云反馈过程，我们的认识仍远远不够。当潮湿空气中的水蒸气凝结成微小的水滴或冰晶时，云就形成了。与水蒸气的含量相比，大气中以云的形式存在的水只有不到1%，可谓非常稀少。[6] 然而，云对气候却能产生巨大的影响，可谓是四两拨千斤。

于是，我们要回答两个关键的问题：首先，随着大气中二氧化碳的增加，云层将会出现怎样的变化？它的变化会导致进一步的变暖还是与之相反的冷却效应？这些问题很难有明确的答案。在一定程度上，这是因为云的类型决定着它如何调节地球表面的温度。贴近地球表面的云层会将绝大多数来自太阳的光子反射回太空。地球表面接收不到这些光子，因此相比于没有这类云层存在时，地表的温度是下降的。高层大气中主要由冰晶构成的稀薄飘逸的卷云层则会产生相反的效果。阳光能穿透这些云层，而正如大气中的二氧化碳，它们阻挡了下层大气发出的红外光子，从而使地球表面变得更暖。

那么，当大气中二氧化碳的浓度翻倍时，云层会有怎样的反应？如果低层云的数量增加而高层云的数量减少，那么这些云层可能会使人类免于气候变化可能带来的灾难。[7] 云层将抵消由二氧化碳含量增加导致的变暖。此时，云层在应对气候变化时给出了负反馈。我们不会因此彻底退回温和主义者所描述的状态，而是会处于温和主义和极端主义之间的某个中间地带。另一种情况是，如果低层云的数量减少而高层云的数量增加，那么云层将加剧由二氧化碳增加而导致的变暖。在这种情况下，云层提供的是正反馈。这个正反馈再叠加水蒸气产生的反馈，对人类来说是非常不幸的消息。我们将面临气候极端主义者所描述的那些状况。

目前，科学家们还无法明确回答云层在应对气候变化时会给出正反馈还是负反馈。事实上，我认为它是气候变化物理学中最难解决的一个问题。它的难度源自以下两点。

第一，云微物理，即有关云中的水滴和冰晶的物理学，本身就相当复杂。例如，冰晶和水滴之间的数量对比决定着云对入射太阳光子的反射率，而云对地表温度的影响正是由这个反射率决定的。而且，当云层的温度降到 0℃ 以下时，其中的水滴也不一定会冻结成冰晶。更值得注意的是，云中的水滴往往由温度远低于 0℃ 的、过冷的液态水构成。过冷的水滴要转化为冰晶，不仅需要一定的温度条件，还需要大气天然或人为制造的杂质，即"凝结核"。这些凝结核从一开始就决定了云中有多少水蒸气会转化为水滴和冰晶。此外，在冰晶形成后，它们的形状和大小也会在很大程度上影响云的反射性等因素。因此，要知道单个云层在大气变暖的情况下将产生怎样的变化，你需要先认识相当复杂的云微物理过程。

第二，云层的变化还取决于它们所处的大规模环境。地球大气中存在各式各样的云，要评估每一种云在应对大气中二氧化碳水平上升时的反应是一项复杂的任务。以其中非常重要的"海洋层积云"为例，在太平洋上空，海洋层积云的分布取决于沃克环流的强度。沃克环流是一种与第 5 章介绍过的沃克为之命名的南方涛动相关的大规模大气环流。海洋层积云主要出现在沃克环流的下降流中，多位于东太平洋的热带地区。[8] 深层雷暴云则多形成于沃克环流的上升流，出现在西太平洋热带地区的上空，为那里带去降雨。雷暴云中水蒸气转化为液态水的过程是决定沃克环流强度的关键因素。由此来看，要了解当气候变化时海洋层积云的相应反应，不能仅研究东太平洋层积云的微物理学，还要了解遥远的西太平洋上空的雷暴云会发生怎样的变化。[9] 而且，这些知识还只是云反馈拼图中极微小的一部分。云层对气候变化的影响如此复杂，很符合第 3 章所介绍的高阶混沌。**可以说，气候变化科学无疑相当艰深，云则是其中最复杂和最不确定的部分。**

目前，没有观测证据表明全球云层覆盖正在系统性地发生改变，但也没有观测证据表明它未在发生改变。人类掌握高质量全球云层观测的时间很短，而想要探测的云层变化与自然界中云层的年际变化相比又很微小。云层变化检测的难点还在于，单个卫星观测仪器无法在几十年的时间跨度内持续提供数据，且前后几代仪器之间的精确校准工作在精度等方面有很高的要求。然而，如果有一天我们真的观察到云层中的系统性变化，发现全球低空云层正在减少而高空云层正在增加，即云层正向反馈的存在，那么，它对人类来说将是一个非常严峻的时刻。在这一刻，"正向"并不意味着好消息。

因为并未观测到全球云层在以系统性的方式发生变化，我们无法仅仅通过回顾过去 50 年左右的全球变暖来推断这一现象在 21 世纪的剩余时间里乃至未来会演变到什么程度。云反馈是一种高度非线性的过程。

因此，我们现在面临着一个问题。我们无法使用恰当的物理定律，比如第 3 章介绍的纳维－斯托克斯方程来模拟云层，因为目前全球气候模型的网格在空间维度上来看过于粗糙，而这又是因为气候科学家使用的计算机的算力不足。因此，云层只能以参数化的简化公式来表示。而参数化本质上是近似和不确定的。问题的关键在于，要将复杂的、类分形的多维度云层结构压缩成高度简化的公式。正如庞加莱发现行星的运动无法用简单的公式加以描述，气候科学家也意识到没有简单的公式可以描述云层的结构。我在第 3 章中介绍过的随机噪声的方法可以向模型中引入云及其他小型湍流过程中固有的不确定性。这类带噪声的参数化方法正逐渐被应用于当前的气候模型中。

20 世纪 50 年代，第一个关于气候的物理模型由普林斯顿高等研究院的气象学家诺曼·菲利普斯（Norman Phillips）开发。菲利普斯在其中展示了许多气候现象，例如可以自然地由纳维－斯托克斯方程和其他原始的经典物理方程产生的急流和气旋性扰动。但是，菲利普斯的模型不够精确。它没有将地球的陆块分布及四季变化考虑在内，也没有代表云层或雨水的变量。此外，该模型的网格精度仍处于非常粗糙的水平。

1958 年，气候科学的先驱之一、诺贝尔物理学奖得主真锅淑郎 [①] 从东京大学获得博士学位后，来到普林斯顿大学的地球物理流体动力学实验室，该实验室当时由另一位早期电子数字积分计算机先驱乔·斯马格林斯基（Jo Smagorinsky）领导。[10] 斯马格林斯基和真锅淑郎一起开发了世界上首个涵盖现实地理和季节因素且引入水文循环及参数化的云的综合全球气候模型。

这个模型可以帮助我们理解一些物理定律如何影响了地球气候的形成，不过真锅淑郎意识到它们也可以被用于估算温室气体排放所造成的影响。在 20 世纪 60 年代，这个问题已经引起科学界和环境保护主义者群体的关注。20 世纪 70 年代中期，真锅淑郎和他的同事理查德·韦瑟尔德（Richard Wetherald）使用他们开发的三维气候模型进行了第一次气候变化实验。[11] 他们利用这个模型估算了当二氧化碳浓度相对于工业化前的水平翻了一番之后对气候产生的影响。图 6-1 显示了该模型在这种倍增效应下的温度变化，这些温度变化会因纬度和海拔高度的不同而异。

我们来仔细查看这个早期的气候物理模型对气候变化的模拟结果。可以看到，除了地球表面将由于二氧化碳浓度的倍增而变暖，它还展示出另外两个明确的趋势。一是在距离地面 15 千米或更高的平流层，二氧化碳浓度的倍增实际上会使空气变冷。二是地球变暖的现象在北极地区特别显著。

[①] 其著作《气候变暖与人类未来》讲述了科学界是如何理解气候变化的人为原因的，以及气候模式如何对这些重要发现起到了重要作用。该书中文简体字版已由湛庐引进、浙江教育出版社出版。——编者注

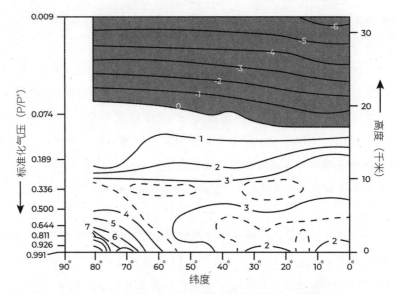

图 6-1　真锅淑郎和韦瑟尔德所绘制的气候变化模拟图

该图模拟了北半球沿着一条纬线平均化的温度变化。这一温度变化是纬度和高度的函数。图中左侧对应北极，右侧则对应赤道。值得注意的是，距离地面 15 千米或更高的平流层的变冷和北极地表"热点"的变暖。这两个由这张模拟图揭示的变化在现实中真真切切地发生了。该模拟图于 1975 年由美国气象学会发表。

平流层是地球大气的一部分，其中由 3 个氧原子构成的臭氧会吸收太阳能，因此那里的温度会随高度的升高而上升。平流层臭氧对紫外线的吸收可以有效防止人类患上皮肤癌。但是，为什么二氧化碳浓度的增加会使平流层变冷呢？首先，二氧化碳是一种混合良好的气体。被排入大气的二氧化碳很快就会扩散到平流层乃至地球大气的各个角落。其次，平流层的温度取决于臭氧吸收太阳辐射后造成的升温效应和二氧化碳向太空辐射红外辐射的冷却效应二者之间的平衡。当平流层中的二氧化碳浓度增加时，向太空辐射的能量就会超过臭氧所吸收的能量，从而导致平流层变冷。而随着平流层的冷却，它向太空辐射的能量也相应减少，于是平流层在较低的温度重新达到平衡。

如果地球表面的变暖是由来自太阳的能量增加所导致，地表变暖而平流层变冷这种差异化的加热效应就不应该出现。在来自太阳的能量增加的情况下，平流层应该是变暖的。然而，观测数据显示，随着地球表面的变暖，地球的平流层实际上正在变冷。这是一个真锅淑郎和韦瑟尔德模型已通过观测并得到验证的明确的预测。

真锅淑郎和韦瑟尔德研究所提出的第二个预测，即北极地区显著变暖，也已经成为现实。现在，北极的大部分地区在夏季是无冰的。这在一定程度上是由与水蒸气相关的正反馈效应所致，但也存在其他原因。例如，北极的海冰会将阳光直接反射回太空。不过，随着北极变暖，海冰融化后其下方颜色较深的水面暴露出来。这些水面能够吸收光子，从而加剧地球变暖。

自真锅淑郎和韦瑟尔德的气候变化论文引起轰动之后，世界各地的许多研究机构纷纷开始建立自己的气候模型。这类模型的数量一直在增长，到目前为止已接近 100 个。对个别气候研究机构来说，技术上的创新已经变得相对简单。这些模型的运行基于相同的原理：通过一个"动力学核心"求解包括纳维－斯托克斯方程在内的方程，达到某种规定的空间分辨率，同时使用一组简化的参数化公式来处理未能解析的亚网格尺度过程，比如云层。除了地球大气，这些模型还包括海洋、陆地和冰冻圈（即地球上被冰覆盖的区域）这些变量。生物圈则是最新被加入的一个变量。

气候变化的研究人员因此可以获得一个天然的"机会集合"。这是第 5 章中提到的所谓多模型集合的一个实例。在解决纳维－斯托克斯方程的计算技术乃至更重要的计算不确定过程的参数化公式方面，每个模型都是不同的。每隔数年，由联合国部分资助的世界气候研究计划，负责制作一组高度协同的多模型集合来研究气候变化。通过这些多模型集合得出的预测结果将被纳入政府间气候变化专门委员会（Intergovernmental Panel on Climate

Change，IPCC）的评估报告中。

　　我们可以利用这些机会集合来做一些预测，比如当我们将大气中二氧化碳的浓度从工业化前的大约 300 百万分比浓度增加到我们可能在 21 世纪晚些时候达到的 600 百万分比浓度，即将其翻上一番时，全球的气温会上升多少度？[12] 在图 6-2 中，我以直方图的形式展示了预测的结果，并结合了政府间气候变化专门委员会第 5 期或第 6 期评估报告所采用的气候模型的输出数据。[13] 可以看出，最可能的变暖为升温约 3℃，尽管一些模型预测的结果是升温会超过 5℃。没有任何一个模型预测地球的升温将少于 2℃。自工业化革命以来，地球表面的温度已提高了超过 1℃。

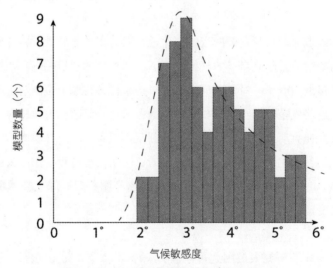

图 6-2　关于气候敏感度的预测的直方图

敏感度是指由二氧化碳浓度倍增造成的对全球变暖的影响。图中数据源自政府间气候变化专门委员会第 5 期或第 6 期评估报告。虚线表示全球变暖的概率性预测。正如理论所预期，它表现得更偏向于较高的升温数值。

　　受理论预期的启发，我利用这个直方图拟合出一条简单的曲线。[14] 曲线上的点越高，其对应的水平轴上的地球表面温度平均升高的可能性就越大。这个分布呈现出统计学家所说的"偏态"特征，意味着分布曲线在其峰值（即最可能值）周围不对称。它有一条长而宽的尾巴[15]，一直向较高的地表升温延伸。[16] 相比之下，对于低于 1℃ 的地表升温，它则趋向于零。稍后，在研究流行病和金融崩溃时，我们还会看到有关偏态分布的其他案例。尾巴既长又宽的偏态分布预示着一个潜在的非线性系统。[17]

偏态分布的性质决定着实际的地表升温将大于由单个模型预测出的最大可能的升温。举例来说，设想有 10 个假想的模型，它们因某些不确定参数的值而各不相同。假设这 10 个模型给出的 10 个预测由高度偏态的数字序列 {1；1；1；1；1；1；1；1；1；100 000} 描述。如果每个数值出现的概率是相同的，那么最后最有可能获得的单一模型预测值是 1。然而，如果我们对 10 个模型的预测取平均值，那么平均或"预期"的预测值接近 10 000，比最有可能获得的单一模型预测值大得多。基于图 6-2 中的集合数据，单一模型预测出的最大可能的升温为 2.5～3℃，而从整个集合来看预期的升温约为 3.6℃。如果它就是我们可以预测到的升温，那么我们就应该为这一升温水平做好充分的准备。

气候敏感性曲线的偏态分布在很大程度上可以根据之前讨论的反馈来解读。[18] 前文提到，我们可以预测到仅与二氧化碳增加有关的气候变化将会使地球表面的升温略微超过 1℃。如果加上水蒸气反馈，这个数字会增至比 2℃ 略多一点。而最终得出的这个相当明显的偏态分布，主要是由云反馈效应的不确定性所致。[19] 有一些模型给出了负云反馈效应，但大多数气候模型得出的预测是强度不同的正云反馈效应。

如图 6-2 所示，将二氧化碳水平翻倍的气候模型实验能够有效地量化气候变化可能导致的天气变化，不过它们从某个角度来说过于理想化，不利于制定政策。这些实验没有说明人类达到某个特定水平气候变化的时间点。如果二氧化碳的排放大幅减少，但并没有达到零排放的程度，那么，要使大气中的二氧化碳浓度倍增，可能需要几百年时间。政治家对于过于遥远的未来往往没有兴趣。

因此，我们需要关注集合方法在气候预测中第二种重要的用途。假设要预测 2100 年的气候，我们就需要知道整个 21 世纪的二氧化碳排放量。这一数据当然取决于人类如何响应气候变化模型的模拟结果。就这一点来说，气候模型与经济模型没有太大差别，经济模型的输出结果可以影响经济，而气候模型的输出结果也同样会作用于气候。基于人类对这些输出结果忽略或重视，地球气候可能会有非常不同的表现。原则上，人类的各种反应可以被纳入一个耦合的人与气候集合预测，其中某些单一预测以人类选择忽视模型输出结果为条件，另一些单一预测则以人类选择削减排放为条件。

然而，这一做法对于政策的制定并不会特别有帮助。政策制定者需要了解的是有无监管政策对气候变化的影响。根据这样的信息，他们才能够对监管政策的价值做出评估。

为了达成评估，我们需要在不同的排放"情境"下运行单一预测。例如，可以将人类以最大可能使用化石燃料视为一种最坏的情境。[20] 人类似乎已经摒弃了这个选项，因为我们正在尽可能地减少煤炭的使用量。人们以较缓慢的速度进行碳减排，可以被视为另一种情境。至于第三种情境，人们除了迅速地减少碳排放，还利用所谓的负排放在大气中捕获二氧化碳，例如采取大量种植树木或其他技术性的方式。

因此，气候学家较少谈论气候预测（predictions），而更多地进行气候预估（projections）。预估是指在某个假定的碳排放情境和其他相关过程中的预测。气候学家会为每一种排放情境创建一个气候预估集合。

　　在审视过去几十年所做的气候预估的精确度时，意识到预估对情境的依赖尤为重要。享有很高声望的气候学家之一、出身于美国国家航空航天局的吉姆·汉森（Jim Hansen）于 1988 年制作了历史上最著名的预估集合之一。汉森向美国国会委员会展示了美国国家航空航天局气候模型预估的结果，该模型使用了 3 种不同的排放情境。以当下的视角，可以看到他的模型中对应情境 A 的预估与实际发生的排放情况相比是高估的。这并不意味着汉森的模型给出了错误的预估，毕竟他无法确切知道未来的排放政策。事实上，其模型中对应着不那么激进的情境 B 的预估现在看来比较准确地呈现了目前的碳排放现状。一些气候温和主义者用汉森的情境 A 给出的预估来指控气象模型高估了全球变暖的趋势。然而，该模型对应情境 B 的模拟结果与观测到的全球温度变化非常接近。事实上，审视多数排放情境与实际发生情况较为吻合的气候预估之后，我们会发现它们关于全球平均地表升温的估计与观测数据大体上是一致的。[21]

　　到目前为止，我们所谈论的一直是全球平均地表温度。科学家用这一温度的上升来描述气候变化，并不是因为它是一个体现整体性的重要变量，而是因为气候混沌的内部变化对全球平均地表温度的影响远小于对区域性地表温度的影响。伦敦的地表温度可能每隔一小时就会变化 1℃，而整个地球的地表平均温度则要稳定得多，后者的变化超过 1℃ 可是一个大事件！

　　但是，用全球平均地表温度来描述气候变化有一个主要的缺点，即无法体现气候变化对人类的真实影响。毕竟，使人们受到影响的是区域性的天气，而不是全球平均气温。在地区层面一个变暖的世界意味着什么，我所知的最好的一本书是马克·莱纳斯（Mark Lynas）的《我们最后的警告：六度气候危机》（*Our Final Warning: Six Degrees of Climate Emergency*）。

我们来看看如果地球的升温达到 4℃时的情况。根据图 6-2，这个温度只比二氧化碳浓度翻倍后的预期升温略高一点，但这是未来的一个合理升温预期。莱纳斯如此描述升温 4℃后的世界：

> 当升温达到 4℃，地球将进入一个全然不同的状态，相当一部分地区将在生物学的角度上变得不适宜人类居住。当前的高温天气容易导致老年人、幼童以及其他脆弱的群体更高的死亡率，全球气温在升高 4℃之后则足以达到一个临界阈值，根据热力学定律，它足以使任何一个相当健康和强壮的人死亡。

莱纳斯提到在空气温度超过体温的时候，人体可以通过出汗来散发多余的热量，利用水的蒸发过程来降温。但是，一旦温度和湿度超过一定的阈值，人体就无法通过出汗来散热了，而且如果不能立即进入有空调的环境，人们就可能因此死亡，坐在阴凉处也无法延缓这种伤害。这个临界阈值出现在湿球温度计（即温度计下部的水银球被湿布包裹）的读数达到 35℃时。

地球上现在还没有出现这样的湿球温度，尽管 2015 年在伊朗马夏赫沙尔港口，湿球温度曾一度达到 34.6℃。[22] 莱纳斯指出，在一个升温达到 4℃的未来世界中，类似的致命高温在中东和南亚的大部分地区将变得相当普遍，印度和中国的大片地区都将涵盖其中。这可能导致人口大规模地向两极或高海拔地区迁移。

然而，迁移并不一定就能彻底解决问题，因为根据气候模型的预测，像地中海这类没有中东那么热的亚热带地区，由于带来大量降雨的暴风雨向两极迁移，将逐渐变成沙漠。[23] 大量地区的沙漠化将影响我们赖以生存的粮食作物的生长，而世界主要产粮地区同时出现干旱的情况也将频繁发生。

此外，更湿润的环境将使极端天气变得更加猛烈。水蒸气凝结成液态水时释放的潜在热量可以左右风暴的强度。空气中水蒸气的含量越大，被释放的潜在热量也就越大。随着由水的热膨胀和冰盖解体共同引起的海平面的上升，一些极端强烈的暴风雨产生的巨浪将对许多沿海城市造成毁灭性的影响。

按照莱纳斯的描述，一个升温达 4℃或更高的世界无异于人间地狱。我想不会有任何人愿意生活在这样的世界里，即使有可能找到部分适应它的方法。

然而，我们也不必完全相信莱纳斯的话。气候模型的设计结构与天气预测模型非常相似，前者其实是由 20 世纪 50 年代的天气预测模型演变而来的。气候模型不仅能模拟全球温度的变化，也可以模拟区域天气模式的变化。

事实上，基于这一特点，气候学家原则上可以使用气候模型来研究加拿大高温天气或德国洪水等现实中观测到的天气事件，是否与气候变化相关联。这类问题争议很大。气候极端主义者往往将所有观察到的极端天气事件归因于气候变化，气候温和主义者则认为它们只是气候自身混沌性质造成的变化的一部分。

这引出了集合方法的第三种用途。气候学家建立了两组独立运行的气候物理模型集合。在第一个预测集合中，气候模型运行了大约 100 年，其中大气的二氧化碳浓度始终保持在工业革命之前的水平。在第二个预测集合中，二氧化碳浓度在同等的时间里翻了一番。假设要知道气候变化是否会影响加利福尼亚州出现高温天气的概率，我们只需计算两个集合中发生此类高温天气的次数。如果模型足够可靠，加利福尼亚州的高温天气会在第一个集合中自发地出现，因为这是气候自身变化的一部分。比较两个集合中高温天气出现的频率，我们就可大致估算出碳排放对加利福尼亚州高温天气出现概率的影响。[24] 2003 年，我在牛津的同事迈尔斯·艾伦（Myles Allen）率先探索了将现实世界的天气事件定量归因于气候变化的技术，他的思想在近年来的政府间气候变化专门委员会评估报告中得到了广泛应用。[25]

不错，由于混沌系统永远不会重复自身，我们无法百分之百地确定某个现实的天气事件是由碳排放引起的。这个观点没有错，但并不重要。重要的是，要认识到由于气候变化的影响。加利福尼亚州出现高温天气的可能性已从每 1 000 年 1 次变为每 10 年 1 次。根据这类统计数据，我们就可以决定是否需要采取某些方式来缓解类似天气事件的影响，例如改变对林业的管理或建造更牢固的防洪设施。

只有在天气事件不趋向于极端时，这种方法才是有效的。当出现极度极端的天气事件时，它就会遇到问题。对近期一些极端事件进行归因研究，例如 2021 年加拿大不列颠哥伦比亚省夏季的极端高温天气和欧洲埃菲尔地区、中国河南省或美国纽约的特强降雨，气候学家发现当前的模型无法模拟这种强度的事件。因为气候模型的网格精度不够，无法让模型方程生成这些降雨、高温或飓风的极端强度。根据当前模型的运算，极端天气事件在前工业化时期和 21 世纪出现的概率皆为 0。因此，按照我介绍过的方法，气候变化的影响应该等于 $0/0$。这显然是一个无法定义的数字，我们可以认为它是任何一个数字。然而，我们最希望了解的恰恰是这些极端事件。如果用当前的气候模型来估算升值达 $4\,℃$ 的世界中极端天气的特性，我们有很大的可能会低估它们。

因此，我们的结论不是气候变化对发生极端天气事件的可能性没有影响。相反，我们应该将更多资源投入气候建模中，以缩小模型网格的大小，使气候模型具备模拟极端天气事件的能力。[26] 我在后文中还将再次讨论这个话题。

极端主义还是温和主义

从科学的角度来看，极端主义者与温和主义者谁才是正确的？首先，我要指出双方都有一些在科学上不正确的观点。

显然，极端主义者的错误在于断言气候变化将产生灾难性的后果。他们的这一观点并没有得到科学的支持。由于气候反馈的不确定性，尤其是云层反馈的不确定性，气候科学在这个问题上并不特别确定。

温和主义者的立场也有许多不正确的地方。例如，他们不应该仅仅因为某次确定性的天气预测与几天后的天气不符就否定长达一个世纪的气候预估。气候变化预测不像第 5 章介绍过的阿贝和维尔海姆·比耶克内斯所暗示的初值问题。在预测天气时，气候学家总是试图尽可能准确地估计未来某一时刻的天气出现在气候吸引子上的位置。相比之下，在预测气候时，气候学家要估算的是碳排放等外部作用会如何影响整个气候吸引子的形状。图 2-8 中的洛伦茨模型充分说明，我们在预测吸引子形状的变化时比预测任何时候在吸引子上的状态更有信心。

温和主义者犯下的第二个错误是，他们认为 30 年前的气候模型过分高估了地球的变暖，并且它们也没有给出其他可验证的预测。如前所述，当应用正确的排放情境时，这些早期模型其实正确地预测了地球的升温。除此之外，这些气候模型还正确预测出平流层的冷却以及北极地区更容易升温的事实。

温和主义者还有一些正确但有误导性的观点。的确，气候学家永远无法确定某些创纪录的事件并非气候自身变化的一部分。然而，正如我所解释的，它将我们的注意力引向错误的方向。我们需要知道的其实是，极端天气事件是否由于气候变化而变得更加频繁以及这一频率增加的程度。

温和主义者还有一个误导性的观点是，二氧化碳的增加有助于地球上植物的生长。只有在天气不会变得不利于植物生存的前提下，二氧化碳对植物的影响才能有所体现。如果植物因为降雨太少、太多或天气炎热而枯萎，有再多的生长素材也毫无用处。这与成瘾性的药物有相似之处，它们看似可以给你带来幸福感，但最终你会被它们摧毁。

鉴于气候变化研究关注的是估算不同等级的气候变化所对应的概率，那么，认为我们的立场是极端主义、温和主义或者二者之间的某一位置，显然都不能说是科学的。

从之前的文字来看，我看似更倾向于极端主义者的立场，而不是温和主义者的立场。然而，温和主义者立场中的一个要素是我无法完全忽视的，即气候模型在一定程度上不够可靠的可能性。要明确的是，我也不会认为全球变暖的概率预估是完全不可靠的，因为这些估算完全符合一个包含水蒸气的大气的基本物理原理。最重要的是，很难想象任何外部强迫，如太阳活动变化一类的外部作用或内部动力机制能在几十年的时间尺度上产生在下层和上层大气中观测到的全球温度变化。

尽管如此，有充分的理由认为，气候学家对云层反馈效应等因素的估算可能不够准确。比如说，目前没有任何云参数化方案能恰当地表示所谓的"中尺度"云结构。"中尺度"云结构大于单个云层，但小于模型网格的单位大小。层状云的云层之间可能会出现类似规则蜂窝的空洞。[27] 此类结构在当前的气候模型中无法得到适当的表示，因为模型网格的单位长度通常为100千米或更长，达不到这样的精度。另一种无法在气候模型中表现的中尺度结构与聚集在一起形成超级风暴的雷暴云有关。当雷暴云发生聚集时，它们周围的空气变得稀薄且相对干燥。"中尺度"云结构可以改变地球的热辐射平衡。如果中尺度云结构随气候变化而发生演变，云层反馈效应也将受到影响。

由于这些固有的缺陷，当前的气候模式在预测中会系统性地偏离区域季节平均降雨量一类量化的观测值。事实上，它们的系统偏差，即模型与观测的差异，在某种程度上比气候学家要求模型模拟的气候变化信号更大。[28] 就气候这一类非线性系统来说，这意味着气候模型在区域尺度上是不可靠的。

设想存在一个适用于气候模型的人工智能"图灵测试"版本。原版的图灵测试是一款模仿游戏，研究人员向人工智能系统提出一系列问题，并根据答案猜测与他们对话的是人类还是一台计算机。[29] 目前，人工智能系统仍无法通过图灵测试，而当前的气候模型也无法通过气候领域的"图灵测试"。只要看一下来自气候模型的输出，气候学家就可以判断它们源自计算机模型，而不是真实世界。[30]

气候模型虽然有这样或那样的问题，但我们不能忽视它们。这些气候模型是我们理解和预测未来的唯一工具。不同于在其他科学领域，研究人员可以用实验的方法来验证理论室实验，气候学家找不到一间能模拟气候变化的实验室。

气候模型在确定关于碳排放的最佳策略方面发挥着核心作用。其中一个特别重要的问题是，人类是否会跨过所谓的"临界点"。临界点一旦被跨过，冰山、雨林及海洋环流的变化将无法通过之后的碳排放的减少来逆转。人类虽然可以尽可能地种植树木，但如果种植树木的行为发生在一个乃至多个临界点被跨越之后，这些行为就无法帮助我们恢复当前的环境。当前的气候模型无法可靠地评估是否存在这样的临界点，因为它们的分辨率不高。

气候模型的预测还决定着对地区级别气候变化的脆弱程度的评估，从而影响着要为建立人类社会应对气候变化的适应性所需的投资规模。这在发展中国家尤其重要，因为那里的极端天气有可能发展得特别极端，例如湿球温度超过35℃。对这些国家来说，它们必须确定备选的适应性策略的优先级：是要为干旱和高温天气做更多准备，还是投入更多精力来应对特大风暴和罕见洪水？这类判断同样需要高分辨率的气候模型。

如果考虑实施所谓的B计划，例如通过向平流层喷洒气溶胶或可形成气溶胶的物质，将阳光反射回太空，气候模型的作用就至关重要。[31] 这种替代方案的风险在于，它们可能会带来一些意想不到的后果，例如使季风转向或切断大气对雨林的水分供应。可靠的气候模型是我们唯一能够量化这些风险的工具。

正是出于这些原因，我对气候模型的现状很不满意。政府间气候变化专门委员会报告所使用的基于分辨率相对较低的模型而建立的多模型集合，向世界发出气候变化的警告，恪尽了自身的职守，但不能胜任对地区级别气候变化做出预测的工作，在预计发生极端事件的概率的潜在变化方面尤其不擅长。这是因为个别的研究机构通常缺乏充足的人力和计算资源。它们无力运行具备更高分辨率的气候模型。气候学家当然也就不能建立高分辨率的气候集合预估。

我认为，为了解决气候变化领域中一些关键的不确定性，我们需要为下一代的气候模型建立一个新的框架。我们需要将资源集中到一起，在气候变化领域创建一个类似于发现希格斯玻色子的欧洲核子研究中心那样的机构，而不是由级别较低的各个机构分散地进行无意义的努力。[32] 通过这种方式，气候学家们可以更好地合作，为造福全球社会研发新一代高分辨率的气候模型。非洲有这样一句谚语：独自前行走得快，众人结伴行得远。也许慈善机构会愿意支持这样的研究机构。每年所需的费用应该不会超过将几台航天器送入太空的花费。

一旦建立这样的一个研究机构或者一个将世界各地的研究机构联结在一起的联合中心，我们就可以设想如何从第四种意义上应用集合预测方法，就像第 5 章介绍过的集合预测在天气预测中的应用。前文说过，在对未来的气候做出预测时，天气的混沌和不可预测的性质并不是重要的因素。因此，我们在预测气候时不必像在预测天气那样努力建立精确的初始条件。另外，有证据表明海洋在数十年的时间跨度上的变化在一定程度上是可预测的。本书开篇时就曾提到，非洲萨赫勒地区长达 10 年的旱灾可能与大西洋的环流有关。一些科学研究表明，这些环流本质上是可预测的。只要根据观测找出海洋环流精确的初始条件，它们就可以通过集合方法被预测。应用经过仔细的、以观测为基础的初始化且将碳排放情境涵盖在内的集合预测，我们就有可能在数十年的时间尺度上对地区性气候做出预测。[33] 高分辨率的集合气候模型的重要性在此处得到了体现。这一前景也是汇集了大量人力和计算资源的国际联合机构的理想化的目标。

我不是在呼吁建立一种单一且无所不包的气候模型。我认为应当围绕少数几种建模系统开展合理化的推动工作。这些建模系统在每块大陆上只需有一个或两个，但每一个都要有相当高的、足以通过气候图灵测试的分辨率。我期望这一方向的工作能够获得温和主义者和极端主义者的支持。越是能基于物理学基本定律更好地呈现地球的气候系统，我们就越会对其预测结果有信心。

至此，我们可以做一个简要的总结。采取极端主义、温和主义或介于两者之间的某种特定立场，其实都不符合科学的本质。本章所讲述的核心信息是，人类应该像对待天气预测那样从风险的角度来看待气候变化。气候变化的恶果产生的风险是否大到需要我们从现在开始就采取预防措施？本书第 1 章曾提到地球弹射出现有轨迹的可能性。如果这种可能成为现实，人类就将面临灭顶之灾。人类可以采取向火星移民之类的预防方式，只要火星不会与地球在同一时间弹射出它的轨道。但是，你或许还记得，太阳系集合预测模型中的任何一次单一预测都没有出现这种情况，它的风险如此之小，显然不值得采取移民火星这么极端的预防措施。相反，地球因升高 4℃或更高温度而变成一个悲惨世界的风险则不容忽视，因为这个升温的程度只比因大气中二氧化碳浓度倍增而造成的升温略高一点点。

如果我们认为值得为避免这一风险而付出成本，那么，本章所讨论的不确定性显然不应阻止我们采取相应的预防措施。换句话说，**不确定性不应该是不采取行动的理由**。然而，鉴于气候变化的影响如此重要，一旦决心为此采取行动，我们就必须确保持续地向那些有助于消除不确定性或在有关不确定性的估算中提高其可靠性的研究提供资金支持。至于人类是否真的需要付出努力来预防气候变暖带来的风险，我将在第 10 章中回答这个问题。

THE
PRIMACY
OF DOUBT

第 7 章

——

预测全球性流行病，
基于特定政策的预估

新冠病毒感染疫情在全球范围内已导致数百万人死亡。但是，如果暂且将它带来的苦难放在一边，它实际上非常生动地展示了集合预测在实践中的用处。不仅如此，疫情的流行在诸多方面都表现出与气候变化问题的相似性。那么，我们能从二者的相似性中得到哪些启示呢？

在疫情初期，世界各国政府在许多此前从未经历的问题上面临着艰难选择。事实上，尽管以英国为首的一些国家制订了应对重大疾病暴发的计划，但这些计划并不适用于疫情，因为人群中存在大量的无症状感染者。政府面临的最关键的问题是它们是否要通过严格的封锁以尽可能地减少病毒传播，从而最大限度地降低这些国家的医疗服务机构在疫情的冲击下崩溃的风险，但要相应地承担本国经济遭受重创的后果。它们也可以选择让经济尽可能不受阻碍地发展，同时接受疫情所带来的后果，并寄期望于某种最终达成的群体免疫。许多政府采取了基于前一种选择的政策，但有一些政府则选择了更自由放任的方式。

在应对气候变化时，我们面临的选择策略与此惊人地相似：要么努力减排，尽可能快地实现零排放，要么不采取任何可能威胁经济增长的行动。就我所知道的情况来看，在疫情期间主张尽量不对经济做出限制的人，往往也主张对化石燃料的使用实行最低限度的限制。

至少在英国，政治家们一再表示英国人在应对疫情时必须"遵循科学"。但是，在气候变化这一领域，科学本身并未支持任何一项具体的政策。如果人们希望降低气候变化达到危险水平的风险，那么，气候科学给出的建议是减少碳排放。但是，气候科学并没有指出人们必须减少排放。人们要对此做出价值判断。同理，如果人们希望降低医疗服务崩溃的风险，那么根据与疫情相关的预测科学，政府应该限制人们之间的互动。科学并没有指出政府必须限制这类互动。这里需要的也是价值判断。

为了找出将医院人满为患的风险降至最低的措施，政府需要预测出与不同的政策措施所对应的需要住院治疗的人数。也就是说，政府做出的预测与这些政策措施是相关的。这与气候学家在预测气候变化时遇到的困难完全一致。因此，为疫情建模的学者们采用了与气候学界相同的命名方法，将基于某一具体政策条件下的预测称为"预估"。在评估某个具体的预估的准确性时，尤其要考虑到它与政策的相关性。如果现实中政府实行了限制社交互动的政策，那么将现实数据与在社交互动不受限制的条件下预估的入院人数进行比较就毫无意义。同理，现实中观测到的全球变暖速率也不适宜与基于高于实际情况的碳排放而得出的气候预估数据来比较。

典型的疫情预测模型的核心其实很简单。将任一时点的人群划分为3类：一是尚未接触病毒且有感染风险的个体；二是携带病毒且能传染他人的个体；三是感染过病毒且已康复或死亡的个体。无论处于哪种情况，第3类人群都不会造成新的传染。这一模型又被称为 SIR 模型，其中"SIR"是susceptible（易感者）、infected（感染者）和 removed（移出者）的英文首字母组合。

疫苗的出现没有让 SIR 模型失效。接种了疫苗的人群相对更不容易被感染，因此住院和死亡的概率也大大减少。这实际上只是增加了 SIR 模型中移出者的人数。

预测疾病传播的难度，不取决于划分个体感染阶段时的不确定性，而是取决于人们互动方式的不确定性，后者使得医护工作者无法确定某个个体属于易感者、感染者和移出者这 3 种的哪一种。假设在理想的情况下，一个人群中的每个个体与他人互动并传播病毒的概率是相同的。用参数 R_0 来表示这一概率，即一名感染者平均传染的人数。当 $R_0=2$ 时，平均来说，每个感染者会传染 2 个人，这 2 个人又会传染 4 个人，这 4 个人再传染 8 个人，以此类推。这种级别的增长又被称为指数增长。由此可以得出推论，当 R_0 大于 1 时，疾病将会扩散，而当它小于 1 时，病毒最终会自行消失。

显然，现实中的人群在传染他人的概率上不会具有这么理想化的同质性。人们居住在不同的地区、城市、城镇乃至村庄。作为一个居住在英格兰南部的人，我与居住在苏格兰的人接触的可能性要远远小于与居住在伦敦的人接触。通过估算不同区域的 R_0 参数，我们就可以处理这种情况。但是，当这种异质性在某种情况下延伸到最微小的级别时，R_0 将不再是一个简单的参数，而会变成一个随人群、时间的不同而剧烈波动、高度动态的变量。

潜在的"超级传播者"或"超级传播事件"最能充分体现社会的异质性。前者是指一个实际感染人数远远高于 R_0 的个体，后者则是指参与者被感染的概率远远高于在一个更同质的社会中被感染的概率的事件。其中的关键在于，总体的感染率是否会受到少数与超级传播者有关的事件的显著影响。要回答这个问题，我们就必须放弃同质性的假设，而假定存在一个既不过于复杂又可以追踪的 R_0，而且它要考虑到不同年龄、居住地的人群的互动方式。

通过"网络"这种方式可以为社会的异质性建模。[1] 从数学的角度来看,网络并不复杂。它由一组节点构成,将节点链接在一起的直线则被称为"链路"。图 7-1 展示了一个简单的网络。其中的节点代表个体,个体之间发生互动之后就形成了链路。

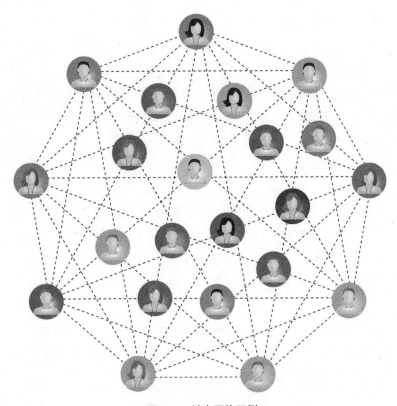

图 7-1 社交网络示例

其中的节点对应着每个个体。当个体之间发生互动时,该网络就将他们用虚线连接在一起。

假设在一场鸡尾酒会上,人们彼此都不认识,我们用一个网络中的节点对应酒会中的每一个人。每当酒会中的两个人发生了交谈,我们就将与其对应的两个节点链接起来。因为人们相互攀谈的目标不可预知，我们在模拟个体之间的互动时可以使用随机数。也就是说，我们用概率 p 来表示个体间的互动。假如参与酒会的所有个体都非常内向，那么 p 的值会非常小；假如这些人都非常外向，p 的值会大一些。节点之间的链接是随机的，但会与概率 p 保持一致。

这一类网络有时又被称为随机网络。随机网络有一个有趣的特征，即所谓的"小世界"。在地球上任意选择两个个体，我们会发现其中一个个体与某人认识，而这个人又认识另一个人。以此类推，最多只需 6 位中间人，我们就可以在最初选择的任意两个个体之间建立某种关联。在网络理论发展多年后，人们一度认为随机网络准确地描述了以社交互动为代表的许多互动类型。

在随机网络中，当 p 很小时，它的节点就不太可能形成许多链路。例如，在有 100 个节点且 $p = 0.02$ 的随机网络中，我们可以认为每个节点平均而言会有大约 2 个链路。一个节点有 8 个或更多链路的可能性几乎为零。因为如果个体 A 与个体 B 互动的概率是 p，那么 A 同时与 B 和 C 互动的概率就是 $p \times p = p^2$。如果 p 是 0.02 这样小的一个数值，那么 p^2 的值 0.000 4 当然就更加小。因此，假设一个节点对应的链路数为 k，当 k 的值越大时，具有 k 个链路的节点数会以指数级的速度减少。如同指数级增长代表着非常快速的增长，指数级衰减的速度也非常惊人。

然而，在现实世界中，上述推论经常被证明是不正确的。想象一下，有一些名人出席了这场鸡尾酒会。许多人当然会希望与这些名人互动。从网络的视角来看，名人对应的节点会产生比普通人对应的节点多得多的链路。在万维网中，网站通常被视为节点，许多节点只产生少量链路，而一些节点却会形成大量的链路，后者又被称为"中枢节点"（hubs）。航空网络也是如此，由一些枢纽与许多链路数量较小的节点共同构成。就新冠病毒感染疫情而言，上述案例中的中枢节点对应于新冠病毒传播路径中的超级传播者。

在含有中枢节点的网络中，具有 k 个链路的节点的数量不会随着 k 的增加而呈指数级下降。在这里，具有 k 个链路的节点出现的概率形成了幂律分布，其中该概率随 k 的增长而衰减的速度比指数级衰减要慢得多。

幂律分布还可以描述在含有不同级别的旋涡的湍流中，湍流的能量是如何随旋涡的大小而发生变化的。事实上，分形几何也可以通过幂律分布来解释。创造了"分形"这一名词的数学家曼德尔布罗特在他的著作《市场的（错误）行为》（*The (Mis) behaviour of Markets*）[2] 中特别关注到幂律分布与这些现象的联系。他强调金融危机等表面上看极不可能发生的极端事件，在基于幂律分布的模型中其实根本就不罕见。幂律分布的存在向我们揭示出在疾病传播、经济运行、天气系统乃至整个宇宙等多维度系统中普遍存在的非线性特征。

如果用含有 10 000 个节点的幂律网络来对应某个群体，其中的节点分别对应属于易感者、感染者或移出者这 3 个类别的个体，我们将会发现遏制疾病传播的最佳策略是限制以超级传播者为中枢节点的感染数量。[3] 在这里，我们对比的是削减中枢节点的链路数量后的实际感染人数与削减随机选择的节点的链路后的实际感染人数。

虽然幂律分布的网络模型能够引起人们对人群异质性之重要性的关注，但如果在现实中用它们来估计感染人数和住院人数，这些模型仍然过于理想化。以英国为例，如果利用幂律分布网络来描述英国人口并为其中每个个体彼此互动的方式建模，我们需要将节点的个数从 10 000 个增加到大约 6 700 万个。而且，我们还没有将从国外来到英国的人数计算在内。以这种方式来建立预测模型虽然并非完全不可能，但目前的超级计算机还不具备与之相应的算力。我稍后还会再次谈到这个话题。

已知的未知，未知的未知

事实上，世界上最先进的流行病学模型，例如英国帝国理工学院开发的 COVIDSim 模型[4]采取了另外一种运作方式。COVIDSim 模型具有重要的影响力，它的预估结果再加上来自其他渠道的数条信息，促使英国政府在 2020 年 3 月决定实施全国性的封锁以控制新冠病毒的传播。COVIDSim 模型将整个英国切分成许多网格，正如天气模型或气候模型将地球划分为许多网格一样。COVIDSim 的每个网格都包含着该区域内与人口有关的信息，如人口密度、年龄构成、家庭结构，甚至还包含着当地高中、大学和工作场所的信息。这些信息都被处理成模型的参数，这样的参数大约有 940 个。参数的个数是固定的，在模型预测期间不会随时间而改变。

任何政府都会想要追问的问题是 COVIDSim 这一类模型给出的预估结果是否可靠，政府是否能够信任这些预估并依据它合理地勾画未来？显然，上述问题的答案取决于参数值是否准确。研究表明，该模型中大约有 60 个参数存在明确的不确定性，而模型的预测结果对其中大约 19 个参数尤其敏感。

我们一定要算出该模型中这些敏感参数的不确定性有多大吗？假设我们只想预测由新冠病毒感染疫情引起的住院和死亡人数。那么，我们只需要用最有可能的参数值来运行模型。这样一来，一些参数值的不确定性似乎就没那么重要了。

　　然而，只有在预测系统本质上是线性的情况下，上述推断才能够成立。而呈幂律分布的网络的出现表明，这个系统并不是一个线性系统。在这里，气候变化预估可以为我们提供一些启示。我们在第 6 章中看到，如果改变气候模型中性质不确定的亚网格的参数，那么由二氧化碳倍增导致的全球变暖的概率分布将会呈现为一种非常不对称、倾斜的状态，它向较大数值的升温方向伸出一条长尾，而在较低数值的升温方向则几乎没有分布。根据这一分布形态，预期的升温，即由不同参数化的集合模型求出的平均值，会高于将参数值设为最大可能值时得到的升温值。就新冠病毒感染疫情的预测而言，情况也是如此。

　　2021 年，一项研究发布了 COVIDSim 的集合预估结果[5]，模型中不确定参数的调整以对其不确定性的合理估算为依据。这些估算值通过所谓的"专家征询"获得，也即基于专家们给出的参数值可能出现的误差比例，如 10%、20% 或 50%。在运用集合方法进行模拟期间，模型中的参数值根据上述方法被随机地加以调整。图 7-2 展示了该研究的一个重要结论，对比了在两种不同政策情境下预估的新冠病毒感染疫情死亡人数的分布。

　　有趣的是，通过集合方法预估出的死亡人数概率分布，在第一种政策情境下，与由二氧化碳浓度倍增引起的全球变暖的概率分布极为相似，即向较高死亡人数方向伸出一条既长且宽的尾部的偏态分布。

　　与全球变暖的案例一样，这意味着模型无法通过将不确定参数设定为最大可能值的方式来可靠地估算出预期的死亡人数。从图 7-2 中，我们可以明确地看出这一点。预期的死亡人数高于利用参数的最大可能值预测出的死亡人数。在第二种更倾向于自由化的政策情境下，用参数的最大可能值预测出的第 300 天的累计死亡人数大约是 25 000 人，而基于整个集合和调整后参数得出的预期死亡人数要显著高于这一数字，大约为 40 000 人。

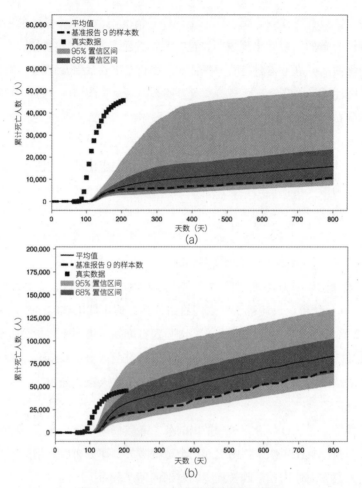

图 7-2 COVIDSim 模型的集合预估结果

图中，灰色阴影区域代表由英国帝国理工学院开发的 COVIDSim 集合模型预估得出的新冠病毒感染疫情死亡人数中的不确定性。色调越深，表示其对应的死亡人数预估具有越高的可能性。图（a）与图（b）之间的差异反映了在不同的政策情境（如是否允许社交聚集）中，预估的死亡人数有所不同。细实线代表集合分布的平均值，虚线则表示模型将参数固定在最大可能值时预估的新冠死亡人数。前者高于后者的事实证明了用集合方法进行预估的重要性。由黑色方块构成的曲线表示的是真实的数据。可以看到，真实数据没有落在集合对不确定性的估计范围内。这表明该集合并没有充分捕捉到这些预估中的不确定性，对最初的感染情况的预估尤其不准确。

资料来源：Edeling et al.（2021）。

　　预计的死亡和住院人数可能并不是政策制定最重要的参考依据。政府非常不希望看到的一种情况是它的医疗系统因应对不了集中涌入的新增病患而崩溃。因此，可能出现的最坏结果的重要性即使不比预期的结果更高，也与之处于同等水平。天气预测也是如此，被平均化之后预测可能掩盖了出现灾难性天气事件的可能性。如果要举例说明，我们以该偏态分布在色调较深的阴影区域的边缘的值作为可能出现的最坏情况，根据该集合，它的发生概率为 2/3，这时，对应的死亡人数将上升到 60 000 人，是根据最大可能参数值得出的预测的 2 倍。

　　图 7-2 还揭示出一个问题。之前我们讨论过，只有在其生成的概率是可靠的时候，集合预测才是有效的。就我在天气和气候科学领域参与并建立的集合预测来说，研究绝大多数的精力都被用于设定能生成可靠概率的初始条件和模型扰动上。从图 7-2 可以看出，在最初的大约 100 天内，真实的死亡人数增加得比集合预测的结果快得多。这意味着在这个案例中，集合预测对应的概率是不可靠的。显然，它遗漏了一些同样很重要的不确定性的源头。就预测新冠病毒感染疫情带来的死亡人数这一案例来说，被漏掉的不确定性源头是传染人数开始增长的日期，因为在现实中它一定比人们设想的时间出现得更早。也就是说，关于死亡人数的预估使用了过于确定的初始条件。天气预测也是如此，预测初始条件不确定性的重要性通常比模型参数值不确定性更重要。

　　在关于死亡人数的预估中，我们还发现了另一种类型的不确定性，它不能简单地通过调整参数来表达。举例来说，COVIDSim 模型基于对英国进行的网格化区分。我们能否理所当然地假定每个网格的内部是均质的？为了实现均质的假设，我们应该将这些网格划分得多细？这些网格可以永远维持均质的性质吗？更进一步说，许多模型假设的不确定性远远大于单一参数的不确定性。模型假设中的不确定性通常又被称为"结构模型的不确定性"。

此刻，我们不妨重温一下美国前国防部长唐纳德·拉姆斯菲尔德经常被引用的那段名言。2002 年，在谈到缺乏使用大规模杀伤性武器的证据时，他说道[6]：

> 我一向认为那些宣布未发现相关迹象的报告是耐人寻味的，因为正如我们所知，世界上存在已知的已知，即我们知道我们已经了解的事物。我们也知道还存在已知的未知，即我们知道自己并不了解的事物。不仅如此，世界上还存在未知的未知，即那些连我们自己也不知道我们不知道的事物。回顾美国及其他自由国家的历史，最后这一类情况往往是最难应对的。

回到建模的话题，在新冠病毒感染疫情建模及天气或气候建模中，其已知的已知可以是指已被充分认识的参数上。就天气或气候模型来说，已知的已知可以是指重力常数、地球接收的太阳能等。就 COVIDSim 模型来说，已知的已知可以是指一些关于人口的数据。至于已知的未知，我们可以用其指代那些数值的不确定性范围可以被量化的参数。在天气或气候模型中，一些与云层的微物理特性相关的参数值是不确定的，但它们的不确定性范围可以被量化。

在这个背景下，结构模型的不确定性对应的正是拉姆斯菲尔德所说的未知的未知，它其实是计算方程构建方式中的不确定性。这类计算方程中参数数值的不确定性范围并不容易量化，因为整个计算过程可能根本不足以用一个固定的参数值来表达。在天气或气候模型中，用于表现云层等不确定过程的参数化公式的结构形式具有极大的不确定性，没有充足理由可以让我们认为这类公式能够准确地表现云层。借用第 4 章中的哲学术语来表达，这一参数化过程中的某些参数具有本体论上而非认识论上的不确定性。同理，在 COVIDSim 模型中，人们的互动以及应对政府限制的方式等基本假设也具有本体论上的不确定性。

　　要实现真正可靠的预测和预估，我们必须找到应对模型中结构性不确定性的方法。然而，这一类不确定性可能是最难以表达和量化的。正如英国北部一句古老的谚语所说："世上没什么比人更奇怪！"确实，人类是世界上最不确定的。在第 3 章中，我介绍过用随机噪声来呈现湍流模型中不确定的维度。原则上，随机噪声也可以被用来呈现与模型结构性错误相关的一些不确定性，甚至某些与人类有关的不确定性。

　　目前，尽管 COVIDSim 这一类的模型的方程具有某种固有的随机性，但相关的噪声过程对集合预测的离散程度影响并不大。[7]因此，在新冠病毒感染疫情相关模型中用随机性作为表达其固有的结构不确定性的手段，可能不能充分地解决问题。我听到有一种观点认为，如果用随机性来表达结构模型的不确定性，集合预测的离散程度将扩大到不具有任何意义。但这正是集合预测的意义所在！当集合预测的离散程度非常大时，正如用集合预测回顾英国 1987 年风暴那样，至少就这个案例而言，集合正试图警告你不要相信任何一个预测结果，并警惕出现极端后果的可能性。当遇到这种情况时，最糟糕的做法莫过于根据那些盲目自信且离散不足的集合预测来采取行动。

　　在第 5 章中，我介绍了解决模型中结构化错误的另一种方法，即多模型集合技术。在对厄尔尼诺－南方涛动现象进行季度性气候预测时，多模型集合比单一模型集合表现得更出色。利用由不同机构开发的多个模型来构建集合预测，以极其实际的角度解决了模型结构化错误中本体论不确定性这一棘手问题。在某种程度上，它与"群体智慧"的理念不谋而合，只不过在集合预测领域所谓的"群体"不是指公众意见，而是指由不同机构开发的多个模型。

英国政府紧急情况科学咨询小组在对新冠病毒感染疫情进行预估时采用了有限的多模型集合方法。[8] 而在美国，由于有大量独立的团队在开发新冠病毒感染疫情模型，多模型集合方法得到了更广泛的应用。美国疾病控制与预防中心和马萨诸塞大学阿默斯特分校的一个学术研究实验室合作，于2020 年 4 月启动了新冠病毒感染疫情预测中心。它提供时间跨度为一至两个月的相关预测，目的是为医疗用品供应、医护人员需求或封闭学校等管理决策提供依据。在本质上，美国任何一个研究团队只要按照规定格式提供数据，并详细描述生成预测的方法，就可以将其模型纳入该中心的多模型集合。根据一篇介绍这一技术的论文，大约有 23 个模型满足了入选标准，并被用于对该多模型集合进行评估。[9] 它分别为美国及其下辖的 50 个州提供了关于新冠病毒感染疫情的预测。

这些预测的表现与我们由季度性气候预测总结出的一些特征完全一致。尽管就任何一项特定的预测来说，我们都能找到一个表现优于集合方法的模型，但平均而言，无论是从集合平均预测还是概率预测的角度看，集合方法的表现都更胜一筹。显然，在做出决策时，技术细节上的一致性是非常重要的，这表明多模型集合预测比任何一个单一模型预测都更加可取。

自美国新冠病毒感染疫情预测中心启动以来，欧洲也建立了类似的多模型集合系统。下一步的工作应该是建立一个致力于疾病预测的全球性多模型集合预测系统，地球上任何一个国家都可以以统一设定的方式使其模型参与其中。在这方面，我们已经有过先例。

20 世纪 90 年代中期，世界气候研究计划，一个由联合国旗下的世界气象组织和全球海洋委员会以及国际科学理事会支持、一群气候科学家构成的国际机构，开始组织一系列具有统一设定的多模型集合实验，这些实验将为政府间气候变化专门委员会的评估报告提供支持。组织这些实验的项目被称为耦合模式比较计划（CMIP）。在第一次多模型耦合模式比较计划实验中，来自世界各地的气候建模小组利用他们的模型在大气中二氧化碳浓度每年增加 1% 的条件下进行了实验。而在最新一次的耦合模式比较计划实验中，建模小组在设定二氧化碳浓度的升幅时已将从所谓的"经济不受干扰"到"至 2050 年实现零排放"等各种社会与经济情境加入考量。目前，大约有 30 个建模小组参与耦合模式比较计划的多模型集合的相关工作中。

我认为，在重大疾病预测的领域，比如面对新冠病毒感染疫情、疟疾、登革热、流感和埃博拉病毒等，我们也需要像这样的全球合作组织。世界卫生组织或许能够在这一领域里发挥领导作用。

群体智慧的局限

多模型集合方法也存在一些不足。"群体智慧"只有在群体成员的估算相互独立时才能发挥作用。如果有传言言之凿凿地说弗雷德认为罐子里有 500 颗软糖，而且弗雷德是大家公认的聪明人，那么其他人的猜测很可能会受到弗雷德的影响，这样一来，用集合方法来猜测罐子中软糖数量的优势就完全被抵消了。

实际上，各个建模小组通常都会受到其他小组所采用的基本假设的影响，因此它们的模型之间通常并不完全独立，最多可以说是准独立的。这个判断完全适用于气候建模，而且我认为疾病预测建模的情况也大致如此。各个机构采用的模型表达方式和参数化模式会受到该领域某个主导者的强烈影响。也就是说，多模型集合所使用的模型可能不像外界想象的那样具有独立性，因此效果不会特别好。

此外，建模小组的成员很少会达到 100 人这种数量水平。多数建模小组可能只有五六个人，有些小组甚至只有一个人。那么，我们要确认一个问题，以下哪一种方式才能更好地利用资源呢？是资助开发大量的准独立模型，还是集中人力资源和计算资源来开发数量较少但也必然更具备独立性的模型？就气候预测而言，我认为后者是更好的选择。在疾病预测方面，我并不是专家，因此不能确定哪一种策略更好。但是，这显然是一个不容忽略的话题。

关于新冠病毒感染疫情集合预测，我们还有一点尚未讨论。假设对时间跨度为一至两个月的多模型集合在一系列初始条件下进行预测的情况进行研究，我们是否能够证明如图 2-7 所示，集合的离散程度会根据初始条件的不同而不同？如果这个假设是成立的，那么集合的离散程度是否可以被用来预测集合平均预测等结论的准确度？众所周知，当一个集合的离散程度特别小时，研究人员会认为每个集合预测都比较接近真实的结果。相反，如果离散程度特别大，其中许多集合预测可能根本谈不上具有准确度。在这方面，相关的研究刚刚启动。我们恐怕只能在本书的新版本中看到这些研究的结果。

在我撰写这段文字时，新冠病毒感染疫情还未结束。高传染性的奥密克戎变种正以指数级的速度扩散开来。奥密克戎变种最初出现时最大的不确定性是其毒性，人们关心它会导致多少人住院或死亡。好消息是，它的毒性似乎没有之前的一些变种那么强。在英国，一些有自由主义倾向的政治家抱怨科学家们关于奥密克戎的预测过于夸大，只为他们提供了最糟糕的那些预测。[10] 当然，这不是事实。我们曾经讨论过，科学家的责任是提供关于未来可能出现的住院人数和死亡人数的整体范围的信息，包括预期的状况以及有可能出现的最坏情况和最好情况。在新冠病毒感染疫情初期，由于所有人对它一无所知，科学家给出的预测必然不够精准。正如在气候变化领域一样，政治家要根据这些预测信息来决定政策的意图，要推广封锁的措施、选择限制社交互动这种中间路线，还是彻底取消上述管制措施？当然，在科学预测具有高度的不确定性时，政治家很难做出决定。然而，科学家不能为了让政治家们的日子变得更好过一些，就为他们提供更明确但不那么可靠的预测。显然，如果政策在实施后效果并不理想，明确的预测还可以为政治家提供替罪羊——科学家。

　　与此同时，我们似乎还需要新一代的集合系统。它要与 SIR 模型结合，从概率的角度预测新冠病毒变种的扩散速度。目前，科学界已经在这方面做出了一些初步的尝试，利用数百万个新冠病毒基因序列训练出一些模型，具体地说，采用了 SARS-CoV-2 病毒的变种的基因序列。一些科学家在其论文中用一个模型预测病毒变种在疫情的不同阶段将如何在人群中扩散。[11] 此类预测的信息基础是对近期出现的特定变种的传播模式的分析，以及根据生物学中的"收敛"标准，特定变种是否会出现在不同的病毒亚型中。参考训练数据之外的实际观测值，这些科学家得出这样的结论：该模型在大约 4 个月的时间跨度上具有预测效力。

　　最需要说明的是，人们可能会好奇，科学家能否基于病毒的基因组结构这类的基本原理来预测病毒变种的传播。考虑到新冠病毒潜在的变种如此之多，目前的计算技术几乎不可能从整体上预测出病毒的进化模式。不过我在后文中会谈到，这类问题在未来的量子计算技术的帮助下，或许可以得到解决。

THE PRIMACY OF DOUBT

第 **8** 章

———

预测经济，
避免意外的金融崩溃

2017 年，时任英国央行首席经济学家的霍尔丹表示，2008 年全球金融市场毫无征兆地崩溃，令经济学家们经历了他们的菲什时刻。[1] 在"世界天翻地覆"的时刻，经济模型却根本无法正常运转。

当我看到霍尔丹的评论时，他提到了菲什，这让我想起了一个不时在我心中闪现的问题：那些彻底改变了天气和气候预测方式的集合技术是否也能在经济预测领域发挥作用呢？如果能够建立一个可靠的集合预测系统，我们是不是就能判断出 2008 年金融危机究竟是一个无法避免的、对经济初始条件和经济模型方程均不敏感的事件，还是如被菲什错判的那场风暴一样，具有极高的预测难度且只能以概率的形式预测？如果真实情况是后者，概率性的集合预测仍然可以提供有用的信息。通过概率的方式对 1987 年风暴进行预测，人们就可以采取简单的预防措施。同理，如果一场迫在眉睫的全球金融市场崩溃只能以概率的方式被提前预测，这种预测同样有其价值。

然而，经济学家对于建立这样一个集合预测系统的可能性所给出的回应大都是令人失望的。他们提出了各种各样的反对意见，每一种意见都认为这种方法行不通。第一种反对意见认为，经济学不同于天气和气候预测，它含有一种未知的不确定性因素，这种因素又被称为"极端不确定性"。[2] 它属于第 7 章中讨论过的那种本体论意义上的不确定性。举例来说，任何人都无法提前预测到 9 · 11 事件中对双子塔的袭击，而这次袭击对整个世界及其经济造成了延续至今的重大影响。持这种意见的经济学家认为，极端不确定性的存在决定了人们无法预测出金融崩溃。

第二种反对意见指出，不像气候学家能够按照纳维 - 斯托克斯方程所提供的"轨迹"来判断天气的发展，经济学家还没有找到一个能够解释经济运行的方程。据此说来，经济学家对于能够预测金融冲击和危机的方程所知甚少。

第三种反对意见的重点在于"自我参照"，天气状态不会因天气预测而改变，但经济预测却可能改变经济发展的方向。也就是说，两个系统完全不同，即使将两者进行比较，我们也无法从中获得多少有价值的信息。最后，虽然我遇到了一些对我的提议表示理解和支持的经济学家，但他们指出，经济学家还没有掌握同样精确的技术，无法像气象学家将观测数据输入其模型那样将经济数据也输入相应的模型。

当时，感到有些沮丧的我不得不暂时放弃了这个想法。但在计划写作这本书时，我决定重新回顾这些话题。或许，如今的情况已经发生了改变。遗憾的是，当我写信向一些我认识的经济学家询问时，得到的回应几乎与上一次完全相同。他们的看法是正确的吗？为预测经济冲击而创建某种集合预测系统的想法是否完全不切实际？作为经济领域的外行，我不敢贸然地批评这些专家犯了错误。

然而，我对他们的反对意见也并不衷心认同。例如，激进的本体论不确定性同样会出现在天气和气候预测的领域。我可以提供一份为期 6 个月的概率季度预测，但只要出现一座意外喷发的火山，它喷出的火山灰进入大气并遮蔽了太阳的辐射，我的预测就将完全失效。理论上，我的确可以在一次或两次集合预测中加入火山这一因子，但实际上，气象学家并没有这样选择。他们只是接受了这一现实，即概率预测也可能由于火山等极端不确定性因素而出错。而且，我不认为这样的错误会减损预测厄尔尼诺现象发生的概率的意义。

我在第 3 章中介绍过，通过向截断版的纳维－斯托克斯方程中引入噪声，气象学家有效地使其天气预测模型涵盖了一定数量的极端不确定性。实际上，纳维－斯托克斯方程并没有为气象预测提供不容改变的发展轨迹。至于在对经济体建模时，为了将其中的极端不确定性纳入模型，所选用的随机噪声的振幅可能要比为天气建模时大得多。如果现实的噪声数量表明集合预测的结果始终保持高度离散，以至于无法从中提取有用的信息，经济学家不妨把结果丢到一旁。

然而，正如在天气预测领域一样，有时集合预测结果的离散程度可能没有那么大，这意味着经济状况能够吸收其内部现有的极端不确定性。除此之外，集合技术还可能提示我们，当前的经济状况是否如同寓言中那个岌岌可危的王国一样，一颗缺失的马蹄钉就足以使它轰然倒塌。

至于"自我参照"的问题，虽然天气预测不能改变天气，但正如本书第 6 章和第 7 章所讨论的那样，气候预测足以影响气候。多年来，气候学家已经认识到他们并不是在严谨、准确地"预测"气候变化，而是在对它们进行大致的"预估"。他们的工作"仅仅"是在估算气候在某些温室气体排放情境下会如何反应。一旦排放情境被确立下来，气候学家的预估就可以得到核实。从这个意义上说，气候预测和经济预测之间并不存在本质上的差异。

有效的预测模型

经济学家一直在努力通过不确定性估算来呈现他们对通胀率、GDP（国内生产总值）等经济要素的预估。例如，英国央行使用了大家熟知的"扇形图"来呈现其经济预估（见图 8-1）。[3] 这些图实质上是基于经济预测给出误差范围，其灵感来自 20 世纪 90 年代与气象学家的相关讨论。它们被称为扇形图，是因为众所周知，预测的时限越长，不确定性就越大。这些扇形图其实并没有使用集合技术，只是在以往预测的基础上进行的误差统计分析。但制作者有时也会根据对未来出现的不确定性的预测做出一些主观的判断，从而扩大或缩小这些扇形图。

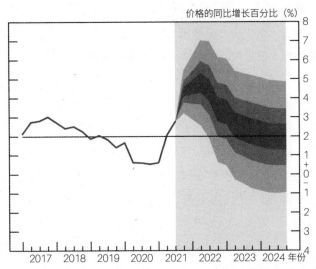

价格的同比增长百分比（%）

图 8-1　英国央行预测通胀率在 2019 年 11 月之后的走势的"扇形图"

图中的阴影区域表示真实通胀率落在某个数值区间内的可能性。阴影的色调越深，表示真实通胀率落在该区间的可能性越大。不过，这些扇形图并没有采用集合预测技术，而是根据对过去预测误差的统计分析加上对未来不确定性的主观判断而制成。经英国央行授权使用。

资料来源：the Bank of England Monetary Policy Report, November 2021。

在我看来，这里有一个关键性的问题。作为非线性系统，经济系统的可预测性应该是可变的，类似于图 2-7 所示的洛伦茨模型。读者可以试着不再将洛伦茨系统的两个叶子想象成晴朗天气和恶劣天气，而是想象成繁荣经济和萧条经济。由图 2-7 可知，有时从一个叶子到另一个叶子的过渡是高度可预测的，因而是一种无法避免的变化，而有时这种过渡又是非常不可预测的，因而不意味着必然发生变化。当资本主义经济系统在繁荣和萧条之间来回切换时，经济学家是否能找到办法以这种方式来描述其可预测性呢？

在量化这种可预测性时，经济学家需要仰仗好的经济模型。那么，何谓一个"好"的经济模型呢？根据相关的讨论，一些经济学家在《好的经济模型的 7 个属性》（*The Seven Properties of Good Models*）[4] 这一论文中指出，好的模型应具备简洁、可追溯、对问题保持敏锐、有充分的适应性、可证伪、与实证经验一致和高预测精度这些属性。作者进一步评论说，经济学家们普遍只接受前 4 种属性，而对后 3 种属性持保留态度。

这让我感到非常惊讶。假如我向我的气象学家同行们请教如何区分天气预测模型的优劣，他们将会给出以下朴素、直接的答案：好的天气预测模型能给出准确的天气预测，坏的天气预测模型则不能。当然，关于如何衡量某次天气预测的准确度会有一些争议。例如，在预测过程中应该向极端天气事件和常见天气事件各分配多少计算比重。不过，这都只是细节上的问题。

换句话说，可证伪、与实证经验一致和高预测精度这些在经济学家的重要性列表中垫底的属性，在气象学家那里却受到更高的礼遇，两个领域的学者对于另外 4 种属性的偏好也截然相反。事实上，我从来没有听说有哪位气象学家把"简洁"当作天气预测模型的理想特征。气象学家当然不会向其模型加入不相关的数据，例如木星的天气状况。但是，他们也并不会有意识地把模型的内部组织简化到最低限度。大多数气象学家的理念是在计算机资源

168

允许的情况下向模型中加入尽可能多的细节。

不过，在某些情况下，简洁、可追溯和对问题保持敏感也有可能会成为受气象模型重视的属性。气象学家在研究中设计了天气预测模型的组织架构。在这个架构的一端，他们置入了那些擅长预测天气的模型。这些模型非常复杂，包含数百万行计的代码和数十亿个独立变量，因此很难处理，不易概括，而这些方面正是经济学家所在意的。在该架构的另一端，气象学家置入的则是简单的概念模型，例如洛伦茨的混沌原型模型。这些概念模型更有助于人们理解天气的运作方式，但在预测天气的实际过程中，它们其实不发挥任何作用。

我之所以投身于气象学的事业，正是因为受到一个大气概念模型的吸引。这个模型的基本假设是，天气的运行可以用最大熵产生原理来解释。该原理原本用于描述蒸汽机等热力学系统运作时遵循的物理定律，并不能被严格地证明可适用于大尺度天气系统。不过，这是一个有趣的概念，而且以它为工具揭示出天气系统的一些特征也是一个非常有趣的过程。从这个角度看，中纬度天气系统可以被理解成自然界在地球这个不停自转的星球上，以最高效的方式将热量从高温的热带地区传送到低温的极地地区的一种方法。这样的模型可以预测出地球温度以及平均云层覆盖、热量向极通量等较复杂的变量，通常情况下在赤道和极地之间的变化。

这些简单的模型的确十分简约，因为其中无关紧要的复杂性已降至最低程度，模型的计算过程简单到可以用铅笔和纸来完成。在最复杂的情况下，这些计算过程也只需要一台笔记本电脑。它们是可追溯的，并且保持着对问题的敏感性。当遭受潮湿刮风天气的折磨时，如果认识到地球大气是一个极其高效的热力学机器，这多少令人安慰。因为要是没有它，地球的低纬度地区将变得酷热难当，而高纬度地区将经历刺骨般的极寒。从这一点来说，英国人不得不忍耐的多雨和雷暴天气其实具有令地球上其他地区的天气保持某种平衡的作用。每当想到这一点，那些特别阴郁的日子似乎也就不是那么让人难过了。

另外，我们也要认识到这些简洁的概念天气模型的局限性。它们对于预测天气毫无用处，完全不可能预测出英国 1987 年风暴那种极端天气。我也根本不知道怎样才能利用最大熵产生原理来预测那场风暴。

由此，我们可以得出什么结论呢？经济学家难道一定要鱼与熊掌兼得吗？他们可以建立高度简洁的模型来理解整体经济的运作方式，也可以建立预测模型，对经济进行实际的预测。然而，一种模型并不能适用于所有情况。

经济模型如何运作？霍尔丹又为什么对它们预测 2008 年金融危机的能力毫无信心？我们要从经济模型可以分为以下两大类说起。

第一类是所谓的计量经济模型。计量经济模型实际上就是洛伦茨的统计学同事所说的那种可以预测接下来几周或几个月天气的统计经验模拟模型。也就是说，计量经济模型根据从以往数据中发现的规律来预测未来。从本质上讲，经济学家试图通过它模拟当前经济的状态，并根据在该模拟状态之后的几个月乃至几个季度的数据来进行预测。如今，有些经济学家可能会使用高级人工智能来辅助预测过程，但其使用的基本原理在本质上并没有改变。

洛伦茨已经证明，计量经济模型不适用于像天气这样的非线性系统。因此，它显然也不适用于非线性的经济系统，在波动极其剧烈的时期更是如此。

第二类是基于新古典经济学建立的经济模型。新古典经济学的基本思想是市场均衡源于主体行为的最大化。以汽车价格为例，一辆汽车定价越高，卖方获得的利润就越多，但与此同时，潜在买方也就越少。当卖方和买方的愿望同时达到最优时，即卖方赚取尽可能多的利润及买方以尽可能低的价格购买，市场就会达到"均衡"。

物品的价值可被纳入效用函数的概念中。这个概念源于 19 世纪两位经济学家杰里米·边沁（Jeremy Bentham）和约翰·斯图亚特·穆勒（John Stuart Mill）提出的功利主义理论，可被用来衡量快乐或幸福。从此，人们就能够通过效用函数来量化不同选择的差别。例如，我通常吃巧克力口味的冰激凌比吃草莓口味的冰激凌得到的快乐更多。因此，原则上我更愿意为获得巧克力口味的冰激凌支付稍高的价格。

新古典主义经济学家认为经济主体都是标准化的理性人，他们在做决策时会使相应的效用最大化。在新古典主义经济学的框架中，经济主体实际上是一些个体或企业的标准化代表。标准化经济主体的行为完全可以代表相应的某一群体的行为。然而，我们已经看出在对气候和流行疾病等非线性系统进行预测时，上述假设是失效的。一个"代表性"模型根据一组最大可能参数值而得出的预测，与根据参数的不确定性对其进行调整后得出的期望预测大不相同。

那么，什么原因导致了经济的不时崩溃呢？标准的新古典主义经济学认为，这是由一些游离在效用最大化世界的外部因素导致的。它们可能表现为某种冲击，即来自外界的噪声输入使系统的确定性受到干扰，也可能表现为某种"外部性"，即某些资本主义价格设定系统未考虑的外部因素。例如，新古典主义经济学将环境污染或恶化视为外部性，尽管事实上是我们这些经济主体造成了这些恶果。环境经济学反复强调的一个理念就是需要将上述的外部性内部化。具体来说，它认为商品的价格应该反映它们对环境的损害，比如在将商品向世界不同地方运送时造成的环境污染。

　　我在思考过程中越来越觉得新古典经济学中的"效用最大化"与气象学中解释天气运行规律的"熵产生最大化"没有太大差别。两个领域都将一个在特定情境中有一定适用性的原理放大到它不再严格适用的程度。最大熵产生原理只适用于一些大体上处于接近所谓热力学平衡状态的系统。而气候系统并不属于这类系统，只要想想大气层每天都从太阳接收大量能量，它就绝不可能处于热力学平衡状态。同理，基于最大化特定效用函数的代表性经济主体的行为来为经济建模，可能也不适用于一个高度异质且非线性的系统，因为后者中的个体可能会根据一些更个性化的优化原则来行动。根据这些富于启发性的最大化原理，我们可以加深对于天气系统和经济系统的理解，但同样重要的是，我们要意识到在对远非平衡状态的系统进行实际预测时，这些原则有其局限性。

用集合预测避免经济崩溃

　　沿着这一对比思路再想一下，既然气象学家并不使用最大熵产生原理来预测天气，那么经济学家是否也可以找到一种方法来替代由代表性经济主体的效用最大化原理预测经济？在第 7 章中，我讨论了如何利用网络模型来为疾病的传播建模，网络中的节点代表每个个体。这样的框架是否也可以被用于经济领域的建模？看起来似乎大有机会。2009 年，也就是金融危机爆发后的第二年，经济学家多因·法默（Doyne Farmer）和邓肯·福利（Duncan Foley）在《自然》上发表了一篇有影响力的论文，解释了为什么新古典主义经济模型在预测 2008 年金融危机时存在致命的缺陷。他们在论文中声称，基于经济主体的模型比新古典主义模型更有可能预测到下一次大规模的金融危机。

　　第一次读到这篇论文时，我对法默的名字并不陌生，因为他的思想在美国科技史家詹姆斯·格雷克 1988 年的杰作《混沌》[5] 中占据了相当的篇幅。这本畅销书让洛伦茨的研究获得公众的关注。格雷克在书中将法默描绘为新一代"复杂性理论家"中的一位，这些理论家专注于研究混沌理论的概念和方法。法默在年轻时曾在鞋跟里嵌入小型计算机，从而找到了一种完美击败轮盘赌庄家的方法。法默通过脚部轻松使计算机获得小球在轮盘上的位置信息。然后，计算机基于这些信息计算出小球的最终落点。法默赢了很多钱，直到赌场发现了他的伎俩并禁止他再次进入！后来，法默创立了一家预测公司，赚得了第一桶金。现在，他利用在复杂性理论方面的专业知识来研究宏观经济周期和经济危机。他目前在牛津大学担任新经济思想研究所复杂性经济学相关研究的负责人，是我的亲密同事和朋友。

　　法默曾经点评过数学应用模式在经济学领域的社会学影响。[6] 他强调如果一位经济学家的模型没有遵循标准模式，即代表性的经济主体最大化其效用函数，且使用优雅的数学公式表达其全部理论的话，他的论文就不太可能被顶级经济学期刊发表。如果这位经济学家是一位正寻求终身教职的年轻学者，偏离标准模式的论文将使他在竞争中处于不利地位。我必须承认，第一次读到他的观点时，我曾好奇它有无夸大之嫌，即便它说出了以往的事实，我仍希望这种情况在当下已有所扭转。但是，正如我们看到的那样，法默的观点当今仍有一定道理。

　　在基于经济主体的模型中，每个经济主体代表一个现实中的经济单位。这些主体既可以是具体的人，也可以是真实存在的公司或银行。在这类模型中，经济学家试图容纳尽可能多的微观经济主体，在数量上可以达到数千、数百万乃至未来的数十亿。经济主体被视为一个整体，且有能力对外界刺激采取行动和做出反应，也可以进行互动。一个关键的问题是，当将如此大量的微观经济主体汇聚在一起时，会表现出怎样的宏观经济行为？我们可以以与经济学没有直接关联的道路车流为例来研究涌现的行为。[7]假设把每辆汽车或卡车看作一个行为主体，它只对位于其前方的主体给出反应。当车流密度较低时，所有车辆都能正常行驶。但是，随着车流密度的上升，交通开始变得拥堵，经济学家熟悉的那一类冲击波就出现了。这些冲击波正是在宏观层面涌现的行为。

事实上，一个十分简单的基于经济主体的模型就可以指出 2008 年金融危机的部分内核。[8]这个模型包含 3 种类型的经济主体。第一类经济主体又被称为"噪声交易者"。他们随机地交易一定数量的股票，并且相信这些股票具有一些内在的基本价值。第二类经济主体是对冲基金。当对冲基金经理认为股票被低估时，他买进股票，在情况相反时则持有现金。第三类经济主体是银行，它可以向对冲基金提供贷款，让对冲基金购买更多股票。

在正常情况下，对冲基金的存在可以抑制股票价值的波动，因为对冲基金交易会促使股票的价格向其内在价值靠拢。然而，问题在于，银行为了控制风险会限制向对冲基金借贷的金额。换用金融术语来表达，银行将根据对冲基金的财富为杠杆设定一个最大值。因此，当对冲基金使用其最大杠杆时，如果股票下跌，它就将面临一个困难的选择。股票的下跌会使对冲基金借入的金额超过预定的上限。它将不得不出售股票以偿还部分贷款，使其重新符合银行设定的最大杠杆标准。但以这种方式抛售会导致股票进一步下跌。在极端情况下，它将进入一个无法纠正的死亡螺旋，给对冲基金和银行带来灾难性的冲击。当然，这只是一个非常简单的基于经济主体的模型。然而，经济学家可以很容易地根据一定的条件对它进行扩展，使其更接近真实的状况。例如，加入银行自身也可以借贷并存在杠杆上限的条件。

现在，我们终于可以回到如何建立经济模型的话题上了。经济学家是否有可能对 2008 年金融危机进行回顾性的基于经济主体的模型集合预测呢，

174

一如气象学家曾对英国 1987 年风暴进行回顾性集合预测那样？这次集合预测会像图 2-7（c）那样显示出异常的离散吗？还是会像图 2-7（a）那样显示出这场危机其实是完全可以预测的，从根本上说是太多个人、对冲基金和银行对次级抵押贷款使用了过高杠杆的结果？

我联系过几位分散在世界各地的建立基于经济主体的模型的学者，但他们的回应令我再次感到失望。我的挫折似乎并不是因为我的想法太过愚蠢，而是因为基于经济主体的模型在技术上还不够巧妙，无法处理这一类问题。然而，我出乎意料地收到了正在我执教的牛津大学攻读博士后的研究员胡安·萨布科（Juan Sabuco）的一封电子邮件。他说他正在使用一个基于主体的模型，希望开发其集成预测的能力，并且问我是否愿意和他一起在这方面进行探索。于是，我和萨布科一起开始了我们的小型实验。

萨布科的这个高度标准化的基于主体的模型包含多达 10 万个主体。它们可以被分为两大类：企业和失业工人。这些主体在一个模拟就业市场的二维空间中随机地移动。这个模型没有设定与现实时间的关联，但工人们会随着模型内部的"时间跨度"移动并寻找工作机会。企业也在市场上四处寻找新的工人。当一家企业雇用了新的工人时，这些工人会被移出失业工人的群体。企业会出于种种原因失去它的工人，因此，一家企业要想持续运行，就必须能够吸引新的劳动力。如果它不能在预定的时间跨度里吸引到新的劳动力，它就会倒闭。此外，这个模型还假定每经过一个时间跨度失业工人都会重新计数，因为有些工人会被解雇，而新成长起来的劳动力也随时会进入市场。新增的工人将会被随机放在市场的某个位置，但这个位置与那些已经存在的失业工人的位置很接近。这个模型还假定市场上每经过一个时间跨度都会产生新的公司，而且新公司的位置就位于其他现有公司的附近。[9]

图 8-2 展示的是萨布科的基于主体的模型在超过 25 万个时间步数上的

长期运行的结果。纵轴代表工人的就业率，其中，100% 这一数值代表每个
工人都获得了就业机会。这个基于主体的模型显示，就业率存在相当大的内
部可变性，甚至几次出现"崩溃"的情况。经济学家称这种内部变化是"内
生性"的，而在外力强迫下发生的变化则是"外生性"的。我们将这个运行
过程称为"真相"运行，也就是说，假设这些结果在萨布科这一基于主体的
模型中真实地发生过。现在的问题是我们能否用集合预测技术预测出内生
波动。

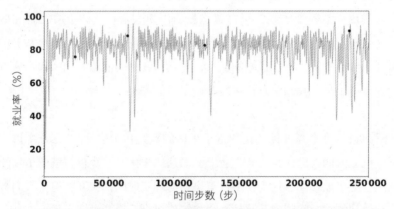

图 8-2　萨布科基于主体的模型经过长期真相运行后输出的结果

图 8-3 中，将根据图中标注的 4 个点制作集合预测。

如同天气预测模型和新冠病毒感染疫情模型，萨布科的这个基于主体的
模型也有一些自由参数，其中有些参数是用随机公式（也就是随机数）来表
示的。利用伪随机数生成器的不同得数，我们可以很方便地建立一些大型集
合。图 8-3 展示了这些集合的一些预测结果。图 8-3（a）展示的是在健康
的经济状况下，根据真相运行，就业率非常稳定，并在整个预测期间内始终
保持高位。尽管集合中的一些预测显示出就业率将会下降，但大多数经济学
家认为就业率将处于一个稳定的时期。图 8-3（b）则展示出在预测期间的

后期，真相运行显示出就业率将会下降。集合中的一些预测发现了这一情况，也就是说，该集合以某个非零概率预测到了就业率的下降，但大多数经济学家并没有发现。

在此期间，对该集合来说，就业率的下降是不太能够预测的。图 8-3（c）和图 8-3（d）显示出就业率大幅下降出现在预测期间的早期，经济学家通常期望在这种情况下可以获得一定的可预测性。由图 8-3（c）来看，就业率危机有非常高的可预测性，而由图 8-3（d）来看，它的可预测性似乎就不那么高了。如果在最后一种情况下，用单次最佳猜测的确定性预测来进行预测的话，那么它很有可能低估就业率的真实下降，并且认为就业率的复苏将比现实情况更快。以此为对照，集合预测显然对存在更严重和更持久的就业率危机的可能性提出了警告。如果确实将要出现这个危机，那么在集合预测的预警下，人们将会对这次危机做好充分的准备。

这一切都很令人鼓舞。然而，我们所考察的只是非常标准化的一种情况。

就在我几乎要放弃基于主体的模型预测时，法默向我介绍了一篇新近发表的论文，以奥地利的塞巴斯蒂安·波莱德纳（Sebastian Poledna）为首的一些经济学家在论文中讲述了他们利用基于主体的模型对奥地利经济进行的回顾性预测。[10] 他们开发了一个简单的数据同化系统，将观测到的经济数据输入模型。奥地利没有什么特别之处，除了论文写作者中的两位作者在位于奥地利的研究机构工作，该项研究与奥地利再无更多的瓜葛。这些作者表示他们的模型同样可以被应用于英国、美国等国的经济预测。

纯数学家可能会觉得波莱德纳的论文中的方程非常陌生，因为这些方程属于工程数学的范畴，是综合性气候模型中常用的数学形式。但正是因为这一点，我个人对这篇论文产生了浓厚的兴趣。在我看来，它正是那种不够优

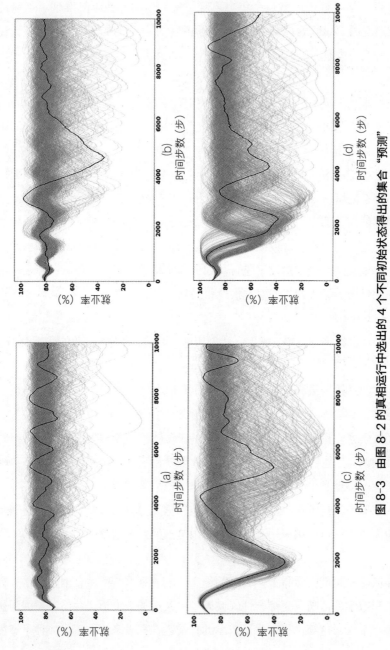

图 8-3 由图 8-2 的真相运行中选出的 4 个不同初始状态得出的集合"预测"

图中深色的曲线代表了真相运行的情况。

雅却能够反映现实世界中复杂经济情况的数学形式。波莱德纳在进行预测时让基于主体的模型在集合模式下运行了 500 次，对初始条件中的不确定因素进行了调整，并采集了模型中驱动主体间随机交互的伪随机数生成器的样本。

"布丁的好坏要吃过才能知道"，波莱德纳以及合作作者对他们的模型进行了一些回顾性的"样本外"测试。这意味着生成的预测针对的是未被用来设定参数值的一些年份。他们报告称，集合均值预测的表现优于计量经济模型和新古典均衡模型的预测。

在阅读这篇论文时，我感到非常兴奋。我给波莱德纳发了一封电子邮件，询问他是否对 2008 年的全球经济形势进行了回顾性预测。他回复说，他刚刚获得了一些关于 2008 年经济的结果，但还没有将它们形成文字研究内容。这太令人惊喜了！我必须马上与他交谈。于是，我们商量好通过互联网进行交流。

图 8-4 展示了由波莱德纳模型中 2 个各含有 500 次单次预测的集合就欧元区 GDP 增长给出的回顾性预测的离散情况。左图针对的是一个正常年份。右图则针对发生金融危机的 2008 年。尽管根据最大可能值进行的预测并没有真正显示出这两个年份之间的差异，但 2008 年的集合离散程度更大，其分布的长尾向负值方向延伸，相比于正常年份的 2 倍。如同气候变化及新冠病毒感染疫情的集合预测一样，对应 2008 年的这一集合分布明显地偏向于风险较高的一端。非线性的特征再次被体现出来。

这些预测的结果令人印象深刻，不过对应 2008 年的这一集合实际上并没有捕捉到经济下行的观测值，那一季度的下滑数值大约是 -0.03。我给波莱德纳的建议是，这可能是因为集合的规模不够大。他应该尝试运行由 5 000 次而非 500 次单次预测构成的集合。但是，波莱德纳给出了一个

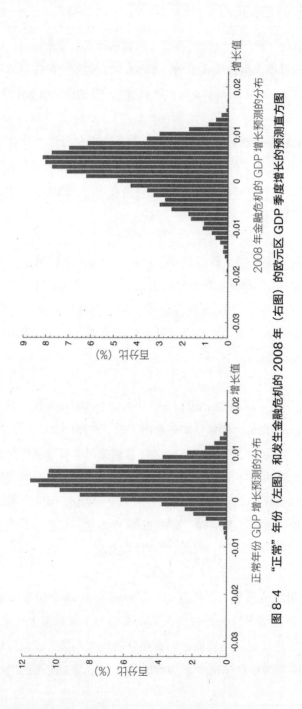

图 8-4 "正常"年份（左图）和发生金融危机的 2008 年（右图）的欧元区 GDP 季度增长的预测直方图

更有说服力的解释。他认为这是因为没有将欧元区以外的经济衰退数据输入到模型中。他这样做，是为了探究纯粹的内生动态过程对经济的影响。

这引出了一个极其重要的问题。既然全球化已经将整个世界联结在一起，经济学家确实需要努力使这些基于主体的模型覆盖整个世界。一个基于主体的模型能包含多少个独立主体呢？实际上，波莱德纳参与开发了一个可由超级计算机高效运行的、包含 3.31 亿个独立主体的基于主体的经济模型。[11] 这是它的极限吗？当然不是。正如我们讨论过的，一个现代天气预测模型可以包含几十亿个变量，几乎与地球上的人口一样多。因此，设想一个其中经济主体可与地球上每一个人一一对应的模型，并不会显得过于荒谬。我很期待看到基于经济主体的模型真正达到全球级别后针对 2008 年经济形势得出的集合预测结果。

波莱德纳证实了法默所担心的那些阻碍经济学发展的问题。让人遗憾的是，他认为他的论文不可能被顶级的经济学期刊接受，并且大多数正统的经济学家对他的这项研究不太感兴趣。他对自己在这一领域的工作能否帮助他在世界一流的经济学系里找到一份终身教职一点儿也不乐观。

集合天气预测的出现意味着气象学家再也不会遭遇菲什经历过的那种尴尬时刻。而一旦这些基于集合技术和经济主体的预测模型及其相应的数据同化方案在全球范围得到发展，经济学家将同样可以规避霍尔丹口中那种菲什式的经济预测"滑铁卢"。[12]

这是否只是我一厢情愿的想法？在 2022 年年初，通货膨胀压力不断上升，全球经济极有可能陷入一场衰退。人类是否有可能在一年前预测到这些变化呢？这些经济冲击在一定程度上是由俄罗斯对乌克兰城市的轰炸引起的，而我们大多数人在一年前几乎不敢相信这一事件会发生。西方对俄罗斯实施了严厉的经济制裁，使能源价格进一步飙升，并使全球股市承压。因此，要回答上述问题，我们必须知道俄乌冲突是否可以预测，而这是下一章将要讨论的一个话题。

　　事实上，这些重大事件说明，基于主体模型的经济集合预测系统的发展还有很长的路要走。科学家们需要发展出将人类和地球、气候等物理系统在全球维度上充分整合的集合系统。因此，我们在下一章中还要讨论对地球的数字映射的话题。

THE PRIMACY OF DOUBT

第 9 章

——

预测冲突与合作，
必须关注奇异向量的变动

没有人能说清楚，为什么奥匈帝国波斯尼亚和黑塞哥维那的总督奥斯卡·波蒂奥雷克（Oskar Potiorek）将军没有及时告知弗朗茨·斐迪南大公的司机改变行车路线。当天早些时候，有人已经企图刺杀斐迪南大公，因此改变行车路线似乎是一个非常合理的预防措施。或许波蒂奥雷克本想告诉那位司机，但被一只飞过的蝴蝶分散了注意力，其中真正的细节，我们可能永远不得而知。

无论如何，波蒂奥雷克最终没有及时通知司机。载着他本人、斐迪南大公及其妻子的汽车在萨拉热窝的拉丁桥附近向右转向。波蒂奥雷克意识到自己犯了个错误，于是下令停车并倒回未转向时的地点。这时，汽车突然熄火了。年轻的刺客加夫里洛·普林西普（Gavrilo Princip）本以为自己在当天早些时候错失了刺杀大公的机会，但令他惊讶的是，那辆熄火的汽车竟然停在了他面前。于是，普林西普趁机开枪射杀了斐迪南大公。

如果可以用反事实的方式进行推论的话，我们不妨设想一下，如果那只蝴蝶没有在波蒂奥雷克面前飞过，斐迪南大公可能就不会被刺杀。这样一来，第一次世界大战可能就不会爆发，也就更不会有之后的第二次世界大战。

斐迪南大公被刺事件堪称"丢失的马蹄钉"这一寓言在现实世界中的翻版。因为一只飞过的蝴蝶，司机没有被及时告知路线需要改变。因为司机不知道要改变路线，斐迪南大公被刺杀了。因为斐迪南大公被刺杀，奥匈帝国决定向塞尔维亚宣战。于是，俄罗斯作为塞尔维亚的盟友，开始动员军队以对抗奥匈帝国。德意志帝国对此的反应是宣布支持奥匈帝国并对俄罗斯及其盟友法兰西共和国宣战。为此，为了先发制人，德意志帝国经过中立的比利时对法兰西共和国发起了攻击。英国由于曾签订条约要保护比利时，便对德意志帝国和奥匈帝国宣战。由于英国的参战，美国在 1917 年也加入了这场战争。德意志帝国、奥匈帝国以及为支持奥匈帝国而加入战争的奥斯曼帝国最终战败了。这一切都源于一颗"丢失的马蹄钉"。英国经过这场战争之后实力大损，从此也走向了衰落。

冲突可以预测吗

多年来，许多历史学家一再谈到欧洲各国被各式各样的条约和联盟所束缚，而各国的军事开支整体上都在增加，这意味着转向战争的倾向实际上是可预测的。即使斐迪南大公没有被刺杀，另外一些相对较小的冲突同样可能引发这一系列的事件。如同天气、流行病和经济一样，冲突机制也是非线性的，会从微小扰动不足以动摇其稳定性的时期过渡到高度不稳定的时期。

图 2-7 所展示的混沌几何是否可被用来反思世界大战呢？假设洛伦茨吸引子的左侧叶子代表世界各国和平相处的状态，而右侧叶子对应于世界各国各自为战的状态。那么，第一次世界大战是像图 2-7（a）所示的那般不可避免，还是像图 2-7（c）所示的那样高度不可预测？将集合预测应用于冲突预测的设想是否有意义？

如果要用集合预测技术严谨地预测世界冲突，研究人员首先需要考虑冲突预测是否适于数学建模。这个问题引起了理查森的兴趣，我在第 5 章中曾介绍过他在算术模式的天气预测方面的开创性贡献。理查森坚信可以用数学方程式来预测战争的发生。由于出身自一个贵格会教徒家庭，他认为建立一个有关冲突的数学理论将会是他对人类做出的最重要的贡献。

在第 5 章中，我提到理查森在第一次世界大战期间成为一名奋战在前线的急救队司机。那时，他已辞去了气象局的工作。在之后的休息期间，他不仅在研究用算术方法提供首次天气预测，还建立了一门他所谓的"战争数学心理学"。

战后，理查森一度回到了气象局。然而，当气象局在 1920 年被并入空军后，他的和平主义原则使他的良心备受折磨，于是他再次辞职了。他开始将他的注意力放在最感兴趣的两件事情上：湍流和战争的起源。为了深入研究后者，他开始学习心理学课程。

理查森意识到，他的研究如果要取得真正的进展，就需要获得能够衡量各国战备情况的数据，比如，它们的军备开支、国民的厌战情绪以及国际化程度。最后一项可以通过其国际贸易的多少来评定。他用现代人标示地震级别的里氏这一对数单位来为冲突分组。从此，帮派冲突和世界大战就成为一系列致命冲突中的两个点而已。

在这个过程中，理查森发现了本书结合天气、湍流、网络、经济、流行病乃至整个宇宙而一再提及的幂律结构。我在之前的章节中已经指出，幂律运行模式是某种非线性基础结构的指征。这意味着可以将某些理性和非线性秩序带入看似非理性的冲突世界。

基于在气象学领域的经验，理查森试图建立一组微分方程，即用微积分体现关键变量在一定时间内的变化率的方程。在很多方面，理查森的方程与洛伦茨多年后探求的方程有异曲同工之处。举例来说，理查森假设一个国家的军备增长率与其竞争对手拥有的武器数量以及对竞争对手的不满程度成正比，而与该国自有的武器数量成反比。

理查森试图在这些方程中加入一个描述两国因共同边界而发生战争倾向的子项，此时他得出了其研究最有趣的发现之一。理查森推断并认为两国共同边界越长，发生战争的可能性就越高。在为支持这一假设而寻找相关数据时，理查森发现他所参考的书籍对西班牙和葡萄牙或荷兰和比利时之间的共同边界的长度给出了极为不同的估算数值。

理查森最终意识到，共同边界长度的估算值在很大程度上取决于确定其长度时使用的测量系统的分辨率。试想用一把 200 千米长的尺子测量英国的海岸线，并由此得到一个估算值。现在把尺子切掉一半，提高测量精度，用 100 千米长的尺子来进行测量。估算值也随之增加。再将被切掉一半的尺子切掉一半并重新测量，估算值将再次增加。不断地切割这把尺子，估算值将随之不断增加。理查森设想了一条长度为无穷大的数学意义上的海岸线，它在任何可感知的尺度上都与英国海岸线没有差别。

上述过程是对第 2 章所讨论过的分形过程的扩展。在那一章，我们讨论了康托尔集合，它是一个介于 0 和 1 之间、分形的无限点集。而理查森在标准化的英国海岸线中则发现了一个介于 1 和 2 之间、分形的无限点集。图 9-1 所示的科赫曲线是一个更简单的分形例子。从一个等边三角形开始，通过迭代将每条边的中间 1/3 替换为对应等边三角形的两条边，重复这一过程，就可得到之后的科赫曲线，形似一枚雪花。

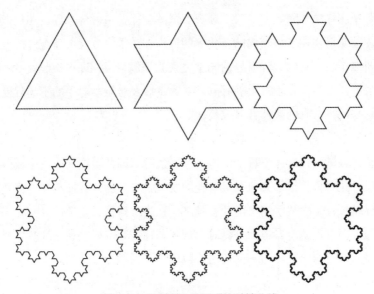

图 9-1 由多次迭代形成的科赫曲线

图中，雪花的边长随着迭代次数的增加而增加。理查森发现类似的原理使得共同国界的长度难以确定。他的致命冲突理论由此变得更加复杂，但他也从此认识了分形几何学。

理查森对于分形海岸线和共同边界的研究启发了数学家曼德尔布罗特。让我们回想一下，"分形"这个词正是由曼德尔布罗特创造的。所谓"分形"，本质上是某种分形维数物体。曼德尔布罗特在这个过程中发现了最有趣的分形之一：以他的名字命名的曼德尔布罗特集合。

理查森于 1953 年逝世。直至 1960 年，他的遗著《致命冲突的统计学》（*The Statistics of Deadly Quarrels*）才得以出版。在某些方面，他时常让我联想到图灵。尽管理查森最为世人所知的是在湍流和天气预测方面的成就，但他晚期的工作为之后众多的冲突预测理论奠定了基础。图灵也是如此，他在计算机和密码学方面的贡献无人不知，无人不晓，但其晚年的研究却为数学生物学领域的许多研究开了先河。有趣的是，理查森的冲突研究和图灵的生物学研究有很多相似的地方，两者都涉及基于微积分的非线性方程，而这些方程正是混沌几何的基石。我不知道图灵和理查森是否曾经见过面，我猜想他们一旦见面，就会一见如故。

　　目前，一些重要的冲突预测工作理所当然地被交由英国的艾伦·图灵研究所负责，该研究所是一个致力于研究数据科学和人工智能的机构，我认为它应该再成立一个理查森分支机构。该研究所对致命冲突的研究始于 2015年，这一项目的团队负责人郭伟思从那时开始研究一张武装分子的活动地图。郭伟思发现地图上的一些地区与古代丝绸之路沿线有重合之处。他注意到，在反复发生暴力冲突的地区中，有不少地区都出现在这条贸易路线沿线。他意识到地理意义上的必经之路，即旅行者别无选择只能从那里经过的地区，往往就是不稳定且容易出现暴力冲突的地区。

　　郭伟思以国际象棋的棋盘作为譬喻，棋盘中心的 4 个方格在某些时刻几乎是每颗重要棋子的必争之地。郭伟思建立了一个人员联系网络，在世界各地寻找在地理意义上重要性等同于棋盘中心方格的地区。

　　在艾伦·图灵研究所的同事们的协助下，郭伟思建立了一个基于上述网络的预测系统——GUARD（global urban analytics for resilient defence，全球城市分析弹性防御）。在这个模型中，战争及和平状态由所谓的"位能井"表示，大致类似于之前提到的洛伦茨吸引子的两个叶子。二者之间是不稳定的状态，按照郭伟思的解释，它代表国家不能长期处于战争边缘。以集合模式运行模型，从而对其预测中的不确定性做出估算，我希望这将是艾伦·图灵研究所未来的工作重点。

　　ViEWS（Violence Early-Warning System，暴力早期预警系统）是一个在集合冲突预测方面有所突破的项目（现代的科学项目似乎必须有一个简称）。[1]

该项目由瑞典乌普萨拉大学的和平与冲突研究系负责。ViEWS 可以为以下 3 种形式的政治暴力提供早期预警：涉及国家和叛乱团伙的武装冲突、非国家行动者之间的武装冲突以及针对平民的暴力。ViEWS 会给出对爆发上述 3 类冲突事件的风险及其严重程度的概率评估。这一评估基于国家、亚国家和个体的行动者这 3 个不同的空间维度。如同 GUARD 系统一样，ViEWS 使用了在某一特定地点对爆发冲突会产生影响的关键数据，如冲突历史、政治制度、选举时机、经济发展、自然资源、人口结构以及与其他冲突事件在地理上的邻近性。

ViEWS 研究人员还开发了多模型集合技术来进行概率预测。在 ViEWS 的官网上，研究人员分析了 2011 年至 2013 年期间其预测的准确性。其中有一点与本书的观点完全一致：与任何单一模型预测相比，集合预测的准确性得分有了很大的提高。话虽如此，我在这篇分析报告中并没有看到一个令人信服的解释，即 ViEWS 集合预测的离散程度可否被视为集合平均预测准确度的可靠指标。如同集合预测技术的其他应用一样，集合平均预测的准确度将为该项目的集合预测是否足够可靠提供了一个很好的参照指标。

区域冲突会造成当地居民流离失所，不得不寻求难民庇护。英国布鲁内尔大学的德里克·格伦（Derek Groen）开发了一个网络模型，用它基于预期中的局部冲突来预测冲突引起的人口迁移。他的预测结果会被传送给英国救助儿童会。模型中的网络节点标记了潜在的冲突地区、难民营和其他定居点。

在格伦的模型中，格伦可以让它在一个随机节点生成冲突，该模型再根据冲突的地点预测流离失所的人口将如何沿着简化的交通网络移动。由此，他就可以估计出难民营需要接收的人数。他也可以确定地指定在某个节点爆发一场冲突，再由该模型估算由于这一冲突而前往各个难民营的人数。模型的这两种使用方法之间的区别类似于在气候和流行病的背景下讨论的"预测与预估"的区别。这些预测是格伦利用集合技术得出的，其中不确定的参数经过了调整。

2022 年 2 月 20 日，俄乌战争爆发。这场战争在几个月之前就被预测到了，至少从概率的角度来看是这样。仅从俄罗斯在开战几个月之前就开始在俄乌边境集结军队这一点，大多数人就可以做出这个预测。更重要的是，理查森在其理论中提出的冲突条件——得到了满足：漫长的共同边界、苏联解体后俄罗斯总统对乌克兰明显不满，以及近年来俄罗斯军备的不断增长。郭伟思证实，最近几年，冲突模型一直把乌克兰视为一个值得关注的地区。

在考虑用于冲突预测的集合系统的进一步发展时，建立集合天气预测系统的方法或许可以提供一些提示。其中特别重要的一点是，第 5 章介绍了集合天气预测系统的初始扰动使用了奇异向量，有意地以大气环流中主要的不稳定性为目标。这些扰动指向状态空间的方向，后者往往对预测有很大的影响。如果没有这些奇异向量的初始扰动，集合的所有单次预测就会过于紧密地聚集在一起，导致过分高估的结论。

在设定全球地缘政治系统的"奇异向量"时，显然，俄罗斯总统普京的行动和决策，而不是我这个学者的行动和决策，会对全球和平与安全产生至关重要的影响。也就是说，在开发一个全球冲突集合模型时，数十亿像我一样的普通人的想法和行为所带来的不确定性可以用一般随机噪声来表示，而像普京这一级别的政治家的行动和决策则要由地缘政治奇异向量来加以区分和代表。任何以可靠地预测冲突概率为目标的集合系统都必须关注这一类地缘政治奇异向量所产生的扰动。

有史以来最跨学科的挑战

从第 5 章到第 9 章，我们一起讨论了预测技术在不同领域的应用。我们从中可以得出哪些结论呢？首先，就复杂的非线性系统来说，如果要进行包含不确定性估算的可靠预测，集合预测方法是不可或缺的。当一个预测系统由于对蝴蝶扇动翅膀或丢失的马蹄钉一类的事件特别敏感而无法预测到某些灾难性的事件时，集合预测系统可以帮助我们避免菲什时刻的发生。集合预测方法可以提供对极端事件发生概率的量化估算。在下一章中我们将会讨论预测概率是制定理性决策的基础，基于它，我们才能确定是否要采取预防性行动以减轻这些潜在灾难的恶果。

本书第二部分的各章看似都有独立的主题，但事实并非如此。举例来说，未来人口被迫迁移和冲突的最大驱动因素之一很有可能是气候变化。如果气温超过人类将体温维持在安全范围的极限的话，人类除了向两极迁移，没有别的选择。在这个过程中，迁移人口很可能会经过一个或多个郭伟思所指出的有可能出现和深化冲突的热点地区。

那么，要如何从统一的视角理解所有这些主题呢？在回答这个问题之前，请先和我一起回到 1970 年 4 月阿波罗 13 号起飞的那一天。

与阿波罗太空计划有关的、最广为人知的一句话出自阿波罗 13 号的指挥官吉姆·洛弗尔（Jim Lovell）。[2] 他对地面控制中心说："休斯敦，我们遇到了问题。"

这句话是不是洛弗尔本人的原话，并不重要。实际上，他是在以实事求是的态度报告，他听到了一声闷响，而计算机提示了"主 B 总线电压不足"

的信息。重要的是，宇航员和地面控制中心都没有意识到，一次发生在飞船氧气罐内部的爆炸已经严重损坏了主引擎，而且正在使氧气外泄。这一次爆炸之后，阿波罗 13 号太空舱变成了一艘随时会发生故障的飞船，每过一小时都会更加远离地球母亲。按照它当前的轨迹，如果宇航员不能及时启动其他引擎，飞船将停留在一个向远处无限延伸的椭圆轨道上，与地球的距离不会少于 70 000 千米。当时最关键的问题是确定飞船是否已经受到致命的损害。面对这种情况，地面控制中心如何才能确保宇航员的安全返航，特别是在尝试任何一种解决方案都可能导致事态进一步恶化的情况下？

幸运的是，美国国家航空航天局建立了一批阿波罗宇宙飞船模拟器。它们被用于在太空任务实施之前对宇航员和地面控制中心人员进行训练。阿波罗 13 号的首席飞行指导员吉恩·克兰兹（Gene Kranz）曾说："这些模拟器代表整个太空计划中最高级的一部分技术。在模拟训练中，唯有机组人员、驾驶舱和任务控制台是真实的，其他一切都是由一组计算机、大量公式和有经验的技术人员创造出来的。"

首次将人类送上月球的阿波罗 11 号的成功已经充分证明了这些模拟器的价值。在阿波罗 11 号飞行计划最后一次模拟训练中，导航计算机突然弹出了一条以前从未出现过的"1201 报警代码"。控制中心的人员误以为这是计算机过载的信号，于是要求暂时中止任务。然而，在咨询了编写软件代码的麻省理工学院专家团队之后，控制中心的人员才明白，这条信息其实只是一次普通的报警，并不意味着出现了什么严重的问题。如果没有这一次模拟演练的经验，当阿波罗 11 号在月球着陆前最后几分钟再次出现 1201 和 1202 报警代码时，控制中心的人员可能真的会中止整个任务。

说回阿波罗 13 号，模拟器在确保宇航员安全返回地球上发挥了关键作用。参训的宇航员必须设定并练习 3 次手动引擎点火。计算机之所以没有被设定为自动点火，是因为登月舱原本不必随飞船一起返回地球。在阿波罗 13 号的宇航员为了节省电量而将指挥舱关闭，并把登月舱当作"救生舱"之后，他们面临着一个最棘手的挑战。他们不得不重新启动指挥舱，才能重返地球大气层。地面的模拟团队夜以继日地制定出一个利用电池中仅剩的一点电量就可启动的程序。它需要精确有序地操作数百个开关。任何一个小错误都可能耗尽剩余的电量，造成不堪设想的后果。

这个故事告诉我们什么呢？不妨将地球想象成一艘如阿波罗 13 号一样在广袤太空中航行的、已受损的宇宙飞船。不同的是，这艘"宇宙飞船"上搭载着数十亿名"宇航员"，而且没有"休斯敦"这一地面指挥中心可以求助。

地球这艘"宇宙飞船"之所以受损，并不是因为像阿波罗 13 号那样出现了设计上的缺陷，而是因为人类自己所犯的错误。英国经济学家帕萨·达斯古普塔（Partha Dasgupta）在一份向英国政府呈交的重要报告中指出，人类在可持续地管理国家资产的全球组合方面是失败的。[3] 从 1992 年到 2014 年，世界各国的人均制造资本翻了一番，而人均自然资本却减少了近 40%。这就如同阿波罗号的宇航员肆意挥霍飞船电池中的宝贵能量，只是为了在返回地球时播放音乐、看视频，享受更加舒适的旅程。气候变化危机，只是这个更宏观的问题的表现之一。

与此同时，人类一直在发展破坏力极其惊人的武器。如果人类愿意的话，我们几乎可以在一夜之间实现种族的毁灭。那些需要给自己一些提醒的人可以像我在一两年前所做的那样，读一读英国作家内维尔·舒特（Nevil Shute）于 1957 年出版的末日小说《在海滩上》（*On the Beach*）。它严峻地警示我们，如果人类再次进入不稳定的状态，将面临怎样的后果。气候变化是否会引发这样不稳定的状态？我们不妨对 21 世纪中叶的人类社会进行一些猜想。

　　假设世界气候变化大会谈判失败，碳排放继续保持上升的势头。发达国家对于减排计划表现得三心二意，而发展中国家则表示，只有当本国人民的生活水平与发达国家人民的生活水平相当时，他们才会认真地考虑减排事务。气温持续攀升，在升温尤其显著的美国西部，野火变成了每年都会发生的常规事件。在全球各地，50℃以上的高温天气变得司空见惯，就连极少出现高温天气的高纬度地区也是如此。美国最大的水库米德湖干涸了，胡佛大坝的水电机组在一年的大部分时间里都无法发电。小麦的大幅减产几乎每年都会发生，不再是每 10 年才发生一次的小概率事件。由于洪水频发，庄稼被毁，欧洲各国也面临类似的问题。

　　欧洲各国和美国的部长级联合小组决定必须对此采取某些措施。他们制订并启动了 B 计划。根据这个计划，这些国家将派出军用飞机每天 24 小时不停地向平流层下层喷洒气态硫酸。由此产生的硫酸盐气溶胶可以将阳光反射至太空。地球大气中浮动着由气溶胶形成的雾霾，人们期望能靠它抵消全球变暖的影响，使气温重新降低。该联合小组强调这一行动是为了保障全人类的利益。

　　然而，这类"地球工程学"对气候的影响远远不是看上去那么简单。我们在第 6 章中已经讨论过，全球变暖的根源在于地球截获了过多红外光谱中的电磁辐射。而浮荡在平流层中的硫酸盐气溶胶只能加强对可见光部分的阳光的反射。后者不能彻底抵消前者的影响。这可能带来什么后果呢？当前的气候模型还无法就此给出可靠的估算。

　　让我们继续之前的猜想。在气态硫酸喷洒行动持续了几年之后，俄罗斯和印度发现其上空的大气环流模式发生了变化，两国境内的主要农业区无法再获得充足的雨水。季风不再如期而至，农作物的产量随之骤减。印度和俄罗斯把这些问题归咎于美国和欧洲各国向平流层喷洒气态硫酸的做法，并要求这些国家立刻停止喷洒行动。

一个大型国际研究小组试图确定俄罗斯和印度的农作物减产是否与在平流层的喷洒行动有关，但没有得出明确的结论。原因是气候模型的分辨率太低，无法得出足够清晰的结论。我们暂且假设，第 6 章提到的那个与欧洲核子研究中心同等级的气候变化中心由于世界各国未能就资源整合达成一致而没有成功组建。美国和欧洲各国坚称，根据气候模型的模拟结果，季风的失常只是地球气候自然变化的一部分，并非喷洒行动所致。而印度和俄罗斯则认为这些模拟结果不可信，因为它们通常无法像模拟常规事件那样模拟极端的气候和天气。

最终，俄罗斯和印度向美国和欧洲各国发出警告：如果不停止喷洒行动，他们将击落执行喷洒任务的军用飞机。美国回应称这将被视为与美国及欧洲各国宣战。俄罗斯和印度则反驳说，破坏他们国内的粮食生产本身就已是一种战争行为。在第 1 架执行喷洒任务的军用飞机被击落后，美国宣布对俄罗斯实施大规模的经济制裁。但第 2 架军用飞机随之又被击落，此后印度国内的机场遭到了轰炸。美国和欧洲各国发出最后通牒：俄罗斯及印度如果不停止对相关军用飞机的攻击，将面对严重的后果。在第 3 架军用飞机被击落后，一系列短期及长期的报复行动相继上演。

很快，一朵由核打击造成的放射性蘑菇云笼罩了整个地球，气温骤降数度，而地球人口减少到原来的 1/10。今天人们所理解的气候变化问题就这样变成了历史。

如果这些假设有一天会成为现实，我们怎样才能从一开始就防止这种悲剧的发生呢？

如同阿波罗 13 号一样，我们需要利用可靠的模拟器在这些问题走向失控前就从国际层面上加以演练和解决。

今天的人们会将阿波罗 13 号使用的模拟器系统称为"数字映射"。阿波罗系列的模拟器系统虽然并不是完全数字化的，但它们执行了数字映射在当下所需承担的所有任务，尤其有助于人们理解那些出于种种原因无法在人为干预的前提下进行研究的物理系统。如同阿波罗 13 号的情况一样，有时尝试 B 计划会带来很大的风险，但我们需要通过这些工具来可靠地模拟 B 计划带来的后果。

但是，相较于数字映射，我们更加需要一个数字集合映射。毫无疑问，第 6 章提到的气候模型会成为地球的数字集合映射的关键组成部分。不过，它们必须与本书谈及的其他模型整合起来，如经济、医疗、冲突、农艺、水文、人口增长等领域的模型。在讨论这些影响模型时，不现实的基于均衡的模型根本无用。科学家需要进一步探索足以呈现不同个体且通过互动网络将他们连接到一起的基于主体的模型。

我们能否将这个概念扩展至用一个基于主体的模型来呈现有 80 亿居民的全球社会呢？这并不是一个疯狂的想法。我们已经说过，天气预测模型的自由度已经达到了数十亿，因此，将其翻上一番，达到地球上每个个体的自由度包含其中的程度，这并非完全不可能。当然，每个单一的主体必须被赋予一定的内在随机性。但正如我所解释的，我们无论如何都必须如此处理天气变量。人工智能将在这一类的工作中发挥重要作用。

数字集合映射不仅可以处理气候地球工程学中的社会经济问题，还能够为未来的人口迁移、冲突、医疗风险、食品供应、海洋生态等问题提供可靠的预测。显然，我认为这样的项目不能也不应该仅仅在国家的层面上进行开发。它给出的预判必须得到联合国这一类国际组织的认可。它将被放在世界上算力最强大的超级计算机上运行。人类很快就会进入埃克萨级计算机时代，即每秒钟执行 10^{18} 次计算。构建地球的数字集合映射时，所使用的计算机必须是埃克萨级的。也许直到人类制造出每秒能执行 10^{21} 次计算的泽塔级计算机时，我们才能驾轻就熟地完成这个任务。这些构想有可能在 21 世纪 30 年代达成。到那时，我们或许已经部分地涉足量子计算机、光子处理器或硅处理器以及能在硬件中产生噪声的高性能、低功耗的模糊运算芯片。

这个项目将涉及众多学科，或许科学界有史以来从未遇到过会触及如此多的学科的挑战。此外，由于处理不确定性是所有学科的基本任务，为全球社会构建数字集合的这一项目也将汇集各个子学科中呈现不确定性的方法。这个项目将真正体现怀疑的首要地位。

由欧盟推动的"地球目的地"项目（DestinE）已经朝这个方向迈出了第一步。[4] 该项目由我和一些同事在几年前提出的欧盟重点项目方案"极端地球"（Extreme Earth）发展而来。地球目的地项目不仅将建立极高分辨率的气候模型，还将建立一系列与气候模型相配合的社会经济影响模型。地球目的地标志着构建全球社会数字集合的开端。遗憾的是，由于英国脱离了欧盟[5]，英国科学家将无法参与这一重大项目。

THE PRIMACY OF DOUBT

第 10 章

———

根据最坏情况发生的可能性，做出正确的决策

在猜测罐子里的糖果数量时，100 次独立预测的平均值通常会给出一个比任何一次单一预测都更准确的答案。也就是说，集合平均预测的表现通常优于确定性预测中的最佳猜测。然而，当必须做出决策时，我们仅仅知道预期中的结果往往是不够的，还需要确定某些可能出现的最坏情况发生的概率。假如最坏情况的后果特别严重，我们就应该付出一切合理的代价来避免其发生。新冠病毒感染疫情期间的封锁令经济付出巨大代价，这样做的目的是防止出现一种最坏的情况，即医院不堪重负，无法救治那些需要治疗的患者。但是怎样的"合理"才算合理？我们又该如何定义"合理"的成本？在这一章中，我将探讨如何在决策中应用技术集合。这是一个人们正在探索和应用真正令人兴奋的灾难救援管理新方法的领域。

可靠的概率有助于做出更好的决策

多年前，当时天气预报应用软件还不提供下雨的概率，我的一个朋友打电话给我。他打算在 10 天后举办一场花园派对，正在考虑是否要租用一顶帐篷。不过，他必须在这天中午之前通知商家是否决定租用。于是，他打电话询问我：下周六下午 2 点到 6 点之间，他家所在的地区会不会下雨？

我告诉他，我可以查看一下最新的天气预测，但只能为他提供下雨的概率。我听得出他在电话另一头的失望。

"只知道概率有什么用呢？"他抱怨道。

"那么，谁会来参加你的派对？"我问。

"这和客人们又有什么关系？"他说道。

"想象一下，如果女王要来，你肯定不希望她淋雨，对吧？如果让女王淋了雨，你晋升爵位的梦想可能就要泡汤。所以，即使那天下雨的概率只有 5%，我打赌你还是会选择租一顶帐篷。女王会来吗？"

"不，当然不！"

"那镇长呢？"

我感觉到他开始有点不耐烦。"听我说，"我继续说，"如果镇长来了，你也不会希望让他淋雨。当然，你可能不会像担心女王那样担心镇长。假设镇长要来而那天下雨的概率超过 20%，也许你仍然会选择租一顶帐篷。镇长会来吗？"

"不会。"

"那么，谁是派对上最重要的宾客？"

他想了一会儿，说："我的岳母。"

"那么，如果她淋了雨，对你来说重要吗？换句话说，当你的岳母淋雨的概率达到多少时，你会决定租一顶帐篷？如果你不在乎她会不会淋雨，那这个阈值就是 100%，如果你认为她的重要性不亚于女王，那这个阈值就是 5%。我猜你的阈值应该在这两者之间。"

他又想了几秒，说："大概 50% 吧。"

"很好，那我们就可以做决定了。我来查看一下预报。如果下雨的概率超过 50%，你就租帐篷，如果没有，那就不租。好吗？"

我查看了最新发布的预报，派对当天下雨的概率只有大约30%。我的朋友最终没有租帐篷。他很幸运，那天的天气十分晴朗，派对得以成功举行。

我们可以从这个故事得出什么结论呢？它告诉我们，**概率并不会使预测成为不精确和不易使用的工具。实际上，概率有助于你做出更好的决策，只要它足够可靠。**

我们来总结一下这个故事中的推理。将一个即将发生的天气事件称为 E。E 可以是下雨、气温骤降或罕见的狂风等。无论如何定义，E 要么发生，要么不发生。就刚才的故事来说，一旦下雨，就代表 E 发生了。

如果 E 发生，那么我的朋友吉姆在没有采取任何保护措施的情况下，将承受财务损失 L。如果吉姆采取了某种预防性措施，则可以完全避免 L。不过，他要为这一预防性措施支付费用 C。L 和 C 都标有现实的货币单位，如美元或欧元，但 C/L 的比值是一个没有单位的分数。假设它介于 0 和 1 之间，这是因为如果 C/L 大于 1，那么吉姆就没有采取预防性措施的必要，他支付的成本超过了要避免的损失。C/L 又被称为吉姆的"成本损失比"。

当 C/L 非常小，即采取预防性措施的成本相对于损失来说足够低廉时，无论天气如何，吉姆都会采取预防性措施。而当 C/L 接近 1 时，吉姆可能根本不会采取预防性措施，而是选择直接承受恶劣天气带来的损失。但是，当 C/L 介于这两个极端之间时，吉姆就有必要通过查看天气预报来决定要不要采取预防性措施。

如果吉姆只能查到以往那种确定性的天气预报，那么决策过程就很简单：天气预报预测 E 将发生时就采取行动；否则就不采取行动。问题似乎被解决了，但正如本书一再提示的，确定性的预报其实不太可靠。在 E 指代英国 1987 年风暴的情况下，根据确定性的预报，没有人会采取预防性措施，比如将汽车、船只和飞机移动至安全地点以及取消出行等。由于不够可靠，确定性预报只有有限的参考价值。

然而，如果吉姆可以获得基于可靠的集合预测系统的概率预报，那么他在决定何时采取预防性措施时就可以制定更有价值的策略。假设一个集合预测系统预测 E 发生的概率为 p，那么吉姆能做出的最佳决策就是在 p 超过其成本损失比 C/L 时采取行动。具体地说，如果 L 是 C 的 2 倍，那么吉姆应该在 E 至少有 50% 的发生概率时采取行动。另外，如果 L 达到了 C 的 20 倍，那么只有当 E 的发生至少有 5% 的概率时，吉姆才有必要采取预防性措施。

图 10-1 展示了在预测 4 天后是否有雨时现代天气预测系统为决策提供的参考价值。横轴代表所有可能的成本损失比 C/L，范围从 0 到 1。竖轴表示预测系统在决定何时采取预防性措施时的参考价值。其中，0 意味着预测系统没有提供参考价值，一个人只需知道其所在地区通常情况下下雨的概率，就足以做出有效的决策。相比之下，1 对应着只存在于假设中的完美预测系统。图中的实线表示确定性预测系统对于决策的参考价值。此处的确定性预测系统即意味着下雨或不下雨的可能性均为 100%。可以看出，确定性预测系统只在成本损失比 C/L 的有限范围内有参考价值。一旦超出这个范围，它就变得无用了。虚线则表示集合预测系统所能提供的参考价值。在成本损失比的整个区间，它始终能够提供参考价值。不仅如此，对于任何一个具体的成本损失比，它的参考价值都高于确定性预测系统。[1]

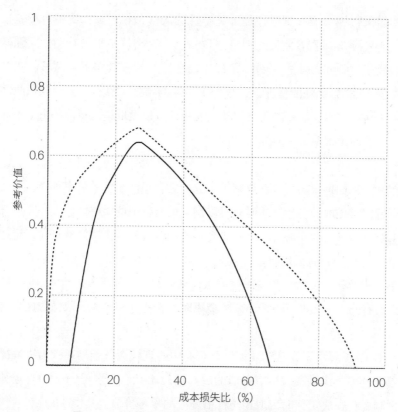

图 10-1 欧洲中期天气预报中心对降雨事件的预测

欧洲中期天气预报中心自 2020 年 10 月至 12 月就欧洲／北非地区 4 天后持续时间在 6 小时以内的降雨事件的预测所具有的潜在经济价值预测。图中的两条曲线分别对应两种预测系统为决策提供的参考价值，决策的核心是要不要以成本 C 来降低降雨带来的损失 L。其中，横轴表示用户的成本损失比 C/L，竖轴则代表预测系统的参考价值，其中 0 代表没有参考价值，1 代表完美的预测。实线对应的是最新的高精度确定性预测系统，而虚线对应的是一个低精度的集合预测系统。

　　听起来问题解决了。可是，女王淋雨这件事真的重要吗？在任何时刻，她身边都有一大批准备了伞等防雨用具的工作人员，因此她绝不会真正地被雨淋湿。我们不妨换个角度，为孟加拉国的农民想一想。在由计算机提供的天气预报尚未出现的年代，一次热带气旋可能会使成千上万的农民失去生命，死亡人数的最高纪录达到 50 万人。[2]

与过去几十年相比，现代天气预报技术的精进使得今天因极端天气事件而死亡的人数大幅减少。然而，这并不意味着人类已经充分利用了现代技术所带来的优势。灾害救援和人道主义机构通常只在极端天气事件发生后才采取行动。将救灾所需的食物、水、临时住所和药品送往灾区有时需要好几天，偶尔甚至需要一周或更长的时间。当然，在极端天气事件发生后，要前往受影响的地区会遇到比平时更多的困难。

这些机构如果能在救灾时掌握更多的主动权，利用预测信息有针对性地提供援助，并抢先在灾前采取准备行动，就能充分避免这些弊病。问题在于，这些机构的资金并不充足。过去使用的确定性预报经常出错，如果每次在预测系统预告了极端事件之后都无分别地采取行动，它们将浪费许多宝贵的资源。

集合预测技术的出现使得我们可以更加明智地判断要在何时采取主动行动。灾害救援和人道主义机构将抢在灾害发生前采取的准备行动称为"预期性行动"。正如我的朋友吉姆会基于概率阈值决定是否租用帐篷一样，这些救援机构也会预先设定一个基于成本及损失估算的概率"触发点"，并在灾难发生的概率超过这个触发点时合理地采取预期性行动。

30 多年前。生活在孟加拉国当地的农民要担心的可不仅仅是热带气旋。他们将毕生的心血都投在牛群上。当地的农民居住在海拔较低的地区，每当布拉马普特拉河的河水泛滥时，他们平时放牧的那片土地就会深受其害。洪水不一定是由当地的降雨量过大引起的，实际上，数百千米远的上游降下的雨水也可能导致这条大河的失控。一旦发生重大洪汛而没有预警，牛群以及农民们的毕生积蓄就将遭受重大的损失。

　　我的同行、佐治亚理工学院的彼得·韦伯斯特（Peter Webster）教授有着十分辉煌的学术成就，被誉为热带气象学领域的全球知名专家之一。[3] 韦伯斯特教授主持了许多田野观测活动，提高了人们对热带气候的科学认识。1992 年，韦伯斯特在放假期间与我一起工作，从此彻底改变了研究的方向。他成为近年来开始崛起的集合预测技术的坚定支持者，决定利用余生来寻找用这一新技术来帮助世界上最贫穷地区的居民的方法。

　　韦伯斯特首先与孟加拉国国内受恒河和布拉马普特拉河影响地区的地方官员交流了意见。尽管该国的气象局可以利用传统的确定性预测预告未来几天的天气，但地方官员希望延长预测的时限，从而在可能发生的洪水之前抢先采取有意义的预期性行动。事实上，他们需要至少提前一周的、可靠的天气预测。有了这样的预测，当地居民就可以及时准备可供数天使用的食物和饮水。牛、家禽、作物种子和其他财产也可以被转移到海拔较高的地方。最重要的是，地方官员可以有时间制订完整的撤离计划，这样的计划对于那些居住在被称为"查尔"（chars）的河心小岛的居民来说尤其重要。如果预警的时间只能提前一至两天，制订这类计划就变得很困难。

　　韦伯斯特证明在将欧洲中期天气预测中心有关降雨的集合预测与当地河流的水文模型相结合之后，就可以提前两周预告布拉马普特拉河和恒河发生洪水的精确概率。一旦与这两条河流相邻的集水盆地积蓄了足够的雨水，洪水就会出现。因此，经过组合的天气及水文集合系统能够预测两条河流同时或分别发生洪水的概率。

　　然而，当地居民能够接受用概率来预测洪水吗？他们能不能理解概率这一概念？我们不得而知。毕竟，在我开发集合预测系统时，天气预测员曾多次对我说过，英国公众永远无法理解概率的概念，尽管英国人一向以喜欢赌马著称，而且人人都知道"胜率"这个概念。

只有通过实地试验，才能找到这些问题的答案。在美国国际开发署⁴的支持下，韦伯斯特启动了一个试点项目，为孟加拉国易发洪水地区的村庄提供概率天气预测。

该项目取得了巨大的成功。从 2007 年到 2008 年，它一共持续了两年的时间。孟加拉国在 2007 年爆发了两次持续时间较长的洪水，2008 年又发生了一次。集合预测每一次都可以发现强烈的信号，因此预期性行动得以及时开展。亚洲备灾中心对因概率预报而得以保存的财产价值进行了评估。⁵从事渔业或拥有鱼塘的农民通过保护鱼塘等方式平均每户少损失约 130 美元。以务农为主的农民通过提前收割的方式平均每户少损失约 190 美元。蓄养大量牲畜的家庭受益最大，通过提前将牲畜转移到高地，平均每户少损失约 500 美元。此外，通过对其他家庭财产采取保护，基本上每户都减少了约 270 美元的损失。鉴于当时孟加拉国国民的平均年收入仅有 470 美元，而一半的人口每天生活费用不超过 1.25 美元，通过概率预测而得以保存的这些财产的价值确实相当可观。

韦伯斯特原本担心农民不理解概率这个概念，但事实证明这是多余的。当他询问一位农民是否懂得如何使用概率时，那位农民回答道："做到这样就够了！只有上帝完全知道将要发生什么事，但是他不会告诉我们，而且你又不是上帝！"

当地的农民意识到概率使得他们有更好的方式预测洪水，而不必只是依靠简单的猜测。韦伯斯特的开创性研究表明，正面临环境灾难的人类社会其实有条件、有意愿并且有能力接受并根据概率预测的信息采取行动。

韦伯斯特的工作所带来的改变是之前提到的"预期性行动"的日益推广。它正在改变救援机构的工作方式。在红十字会与红新月会的国际联盟的推动下，这种方法即将在全球得到应用。在这个领域，有一个名为"基于预测的财务"的项目。它包含 3 个基本要素：灾难救援应急基金、基于概率预测触发这些资金的机制，以及在满足触发条件时的预定行动计划。

我们来看这一行动系统的一个早期案例。2020 年 7 月 4 日，在得到欧洲中期天气预报中心提供的集合预测之后，欧盟委员会的全球洪水预警系统（GloFAS）预测孟加拉国有很高的概率发生特大洪水，这一预测随后得到了验证。这一预警给出的高概率，加上孟加拉国政府洪水预报和预警中心的独立评估，达到了触发条件。联合国中央应急基金（Central Emergency Response Fund，CERF）因此将 520 万美元资金发放给多个孟加拉国当地组织，这些组织随即开始准备向下分发包括现金、牲畜饲料、储存桶和医疗包等援助物资。自 2005 年联合国中央应急基金成立以来，这是它最快一次，同时也是第一次在洪峰到来之前完成资金分配。大约 20 万人从这次预期性行动中受益。

2021 年 9 月，在一次重要的、有关预期性行动的会议上，联合国秘书长古特雷斯表示，联合国中央应急基金已经在 12 个国家投资 1.4 亿美元以扩大预期性行动，并指出"预期性行动保护了人们的生命"。他总结说，预期性行动将成为联合国未来在人道领域议程的核心。预期性行动是韦伯斯特开创性实验的重要成果，而可靠的集合预测提供了不容忽视的助力。

当然，沟通是其中至关重要的一环。大多数人会不时地经历某种形式的极端天气，因此需要知道何时应该为之做好准备。不要说威胁生命安全了，这样的天气还可能导致财产损失、旅行延误或停电停水。为了便于传达预测事件的风险程度，英国气象局基于图 10-2 所示的"预警影响矩阵"公布极端天气的黄色、橙色和红色预警。天气事件 E 根据其预计造成的影响和预测概率而被赋予不同的预警级别。在预警影响矩阵中，横轴代表天气事件的影响，纵轴则代表预测的概率。参照之前的成本损失模型可知，E 带来的损失 L 沿着横轴逐渐增加，而 E 发生的概率 p 则沿着纵轴逐渐增加。极端天气预警的级别取决于 pL 的乘积。举例来说，橙色预警可能是指造成中等影响但预测概率高或造成很高影响但预测概率中等的事件。预警判断所需的概率均由集合预测系统提供。

预警影响矩阵

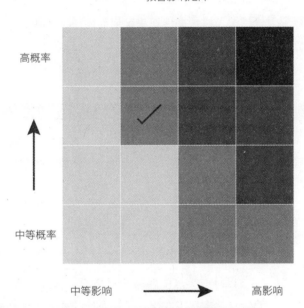

图 10-2　英国制定的极端天气预警影响矩阵

图中的方格有 4 种灰度，分别对应"无预警""黄色预警""橙色预警""红色预警"，其中红色预警是最高级别的天气预警。灰度的深浅由天气事件的影响和发生概率的乘积决定。例如，橙色预警可能对应着中等影响、高概率的事件或高影响、中等概率的事件。天气事件发生的概率由集合预测系统提供。图中打钩的方格对应的是"黄色预警"。

当然，即使人们得到了及时的预警，他们仍不一定会采取行动。据报道，2019 年，摩洛哥及时预警了可威胁生命安全的热带气旋"伊代"，但一些沿海居民因为担心自己的住宅被盗而没有提前撤离。当出现此类情况时，预防性行动还可以自动涵盖相关保险或警卫人员保护房屋的费用。

由概率阈值触发的预期性行动不仅仅适用于洪水或风暴的应对和救援。实现和维护全球粮食安全正在成为一个越来越受到关注的问题。在世界上超过 80% 的地区，农业种植依赖雨水，也就是说，雨水是农业用水最主要的来源。世界各地的许多农民都知道在降雨时播种和在晴天时收割作物十分重要。可靠的概率天气预测可以帮助他们决定何时种植、耕作和收获，而确定性天气预报无法发挥这样的作用。

科学预测不会告诉你怎么做，但可以帮助你做出决策

在面对气候变化威胁时，成本损失模型可以帮助我们决定要不要采取预期性行动吗？

让我们来总结一下正方和反方的观点。

正方认为，气候危机是人类过度放纵和奢靡的生活方式所造成的后果。人类播下了错误，而大自然现在正在收获其长成后的恶果。詹姆斯·拉夫洛克（James Lovelock）曾在《盖亚的复仇》（*Revenge of Gaia*）一书中写道：

> 就像一位不得不与一群越来越多、不停打闹的青少年共享住处的老妇人那样，盖亚变得很愤怒，而且如果他们不改变行为方式，她就要撵走他们。

人类必须尽快摆脱对化石燃料的依赖，过一种更简单的、与自然和谐共

处的简约生活。[6]

反方则认为，世界各国的去碳化行动将阻碍它们的经济增长，相对贫穷的发展中国家受到的打击尤其严重，无法再像发达国家那样凭借廉价的高碳能源而达到富足的生活水平。再者，如果抑制这些贫穷国家的经济增长，它们的人口高生育率将在未来许多年内维持不变，进而加剧世界人口增长问题并进一步恶化地球的环境。我们其实不必忍受这些经济上的痛苦，无法缓解的气候变化对世界各国 GDP 的影响微不足道。如果气候变化意味着人类必须适应新的天气状况，那我们就去适应它。人类有能力解决这个问题，它并不是什么大事。

本章介绍的成本损失模型或许可以提供一个框架，让我们尝试着去客观地解决这些问题。气候变化进入危险阶段的可能性 p 是不是大于 C/L，即将温室气体排放量减少到零的成本 C 与气候变化所造成的损失 L 的比率？当成本 C 足够小或损失 L 足够大时，即使概率 p 很小，预期性行动也是有意义的。事实真的如此吗？如果可以将其简化为这样一个简单的计算，那么我们就会明确地知道在应对气候变化时应该选择怎样的策略。

可能是关于气候变化对全球经济影响的最权威的研究之一、杰出的经济学家尼克·斯特恩（Nick Stern）于 2006 年出版的《斯特恩报告》（*Stern Review*），其目的就在于解决这一问题。[7]斯特恩通过各国的 GDP 估算出损失 L 和成本 C。该报告最主要的结论是，地球变暖进入危险级别的概率 p 相当大，因此我们现在就应该开始采取行动以减少碳排放。不过，有些人指责《斯特恩报告》基于一些错误的基本假设。这些人认为，气候变化科学目前无法可靠地估算出概率 p，而且正如在经济学中未来的价值在折算成现有的价值时就要进行折现那样，损失 L 因为折现等问题被高估了，而成本 C 则被低估。

让我们依次看看这些问题。我完全同意科学界可以通过汇集人力资源和计算资源来构建超高分辨率的全球气候模型，从而得到对 p 的更准确的估计。在第 6 章中，我们曾讨论过要建立堪比欧洲核子研究中心等级的气候变化中心来完成这样的工作。没有证据表明气候模型高估了 p。第 6 章已经谈到，30 多年前的气候预估就已经能很好地预测全球变暖的速率。

再来看看由气候变化引起但有可能避免的损失 L。L 需要以某种形式来加以量化。如果不能以美元或英镑为单元来估算 L，那么我们就无法将它与削减排放的成本 C 进行比较。

经济学家一直在尝试估计 L 对全球 GDP 的影响。《斯特恩报告》指出如果不尽快采取行动，气候变化可能使全球 GDP 每年减少 5% 或更多。其他学者则没有这么悲观。诺贝尔奖得主、美国经济学家威廉·诺德豪斯（William Nordhaus）估计，由 3℃ 的升温导致全球 GDP 总值的下降仅略高于 2%。二人的估算差异巨大，谁才是正确的？

第 8 章曾经提到，经济模型往往相当简洁。在这一类简洁的模型中，L 的影响一般通过气候模型预测出的全球平均温度变化来计算。有些学者会说，这些模型应该考虑到气候的区域性变化。然而，分辨率较低的气候模型不能很好地模拟出极端天气事件的强度。除此之外，经济影响评估模型也不具备像第 8 章所介绍的基于主体的模型那样的复杂性，后者可以由区域性的天气模式来驱动。我希望在欧洲核子研究中心等级的气候变化中心成立之后，这种不太令人满意的状况将会发生改变。

但是，这里还有另一个问题。如果气候变化对于全球 GDP 的影响微不足道，我们又应该如何以货币单位量化它对于某个群体的代表人物的影响？

现在，我们正在讨论一个有些人可能认为过于敏感的话题：个人的生命价值几何？这个话题不受欢迎，但如果要在决策的领域取得进展，我们就不得不面对它。理论上，我们可以认为生命是无价的。但是，以 2020 年的英国为例，这一年有近 25 000 人因交通事故而丧生。如果生命在任何层面都是无价的，那么我们就应该对所有道路实行每小时 10 千米的速度限制。但实际上，大多数人会认为，即使能减少伤亡，这样做也是不值得的。换句话说，我们其实是在用时间来给生命估价。

统计学家一直认为，在为支持或反对监管立法表达意见时，统计生命价值（value of statistical life，VSL）这一概念是很重要的。该领域的先驱之一基普·维斯库斯（Kip Viscusi）在《给生命定价》（*Pricing Lives*）[8] 一书中讨论了 20 世纪 80 年代里根总统执政时的一个社会问题，即企业是否要按照要求在工作场所为危险化学品贴上标签？当时，政府机构衡量生命的标准是个体因死亡而产生的收入损失和相关成本。以此为标准，美国管理和预算办公室认为为贴标签所花费的成本是不值得的，因此不建议立法部门要求企业提供标签。

维斯库斯认为这种计算生命价值的方法是错误的。他认为，统计生命价值应该根据个体需要多少钱才愿意冒更高的死亡或严重伤残的风险来计算。维斯库斯依据当时美国统计数据表明，工人们愿意为了每年 300 美元的工资溢价接受一份工作，而这份工作会使工人们死亡的风险增加万分之一。由此，可以用之前介绍过的成本损失模型来计算生命的价值。也就是说，如果 $C = pL$，当 $C = 300$ 美元而 $p = 1/10\ 000$ 时，那么 $L = 300$ 万美元。这个数字只适用于 1982 年。在考虑通货膨胀因素之后，美国当前的统计生命价值应该略低于 1 000 万美元。

然而，一个令人不快的事实是，发展中国家的统计生命价值不像美国或其他发达国家那么高。发展中国家的工人愿意为了较少的工资溢价接受较高的死亡或伤残风险。要怎样调整才能使这个数值适用于不同国家的公民呢？非常粗略地估算的话，统计生命价值通常被定义为各国人均 GDP 的 100 倍。[9]因此，我们可以用各国人均 GDP 的 100 倍来衡量每一位公民的生命。

不要忘了，统计生命价值对应的不仅是死亡的风险，还有严重伤残的风险。根据第 6 章的讨论，我认为生活在一个升温达到 4℃ 或更高的世界，即所谓的炼狱地球，基本上与严重伤残是相差无几的。保守地估计一下，假如统计生命价值是人均 GDP 的 100 倍，那么我们可以将避免在炼狱地球生活的价值设定为人均 GDP 的 50 倍。

如果不采取任何减排措施，地球温度上升至少 4℃ 的可能性有多大？根据前文所述，我认为 0.3 是一个合理的数值。地球的升温严重依赖于云反馈，而气象学界目前对云反馈的了解仍相当有限。然而，假设用概率 $p = 0.3$ 乘以相当于人均 GDP 50 倍的损失 L，我们会得到炼狱地球的"风险" pL 为人均 GDP 的 15 倍。

要为避免出现炼狱地球付出的代价是多少呢？许多年来，人们一直认为使一个国家去碳化的成本大约只占其 GDP 的几个百分点。然而，英国气候变化委员会在其《第 6 次碳预算方法报告》中的分析显示 [10]，由于风能和太阳能等可再生能源成本的显著下降，去碳化所需的成本可能只占到 GDP 的 1%。[11] 我们不妨将其假定为 GDP 的 2%。这意味着每个人所承担的成本，也就是 C，是人均 GDP 的 1/50。

这样算来，C 只有进入炼狱地球状态的风险 pL 的 1/750。显然，削减碳排放的行为是非常划算的。

但是，如果考虑到折现率，这个结论就经不起推敲了。比如，如果让你选择现在得到 100 美元或 10 年后得到 100 美元，即使可以暂不考虑通货膨胀的因素，大多数人仍会更倾向于前者。有些人可能会把现在得到的 100 美元投资给一项业务，希望 10 年后能够从中获得几百美元的回报。参照金融市场在计算股票等金融资产时采取的折现率，在估算未来的损失 L 时，每年的贴现率可能高达 6%。

因此，一些经济学家认为，研究人员应该把 C 与每年按大约 6% 的比率折现后的 pL 进行比较。这样一来，如果 L 发生的时间足够远，pL 的值可能被折现至零。也就是说，无论当下支付多少成本都不值得。

况且，经折现率调整后的成本 C 就真的合理吗？在我看来，把人类的苦难像股票等金融资产一样折现似乎太过荒谬。我认为 50 年后的苦难并不比 5 年后或明天就会发生的苦难来得轻。

有一些人认为，当人类社会因为发展而变得更加富有时，我们一定会找到更多的办法来应对地球升温 4℃ 后的恶劣环境。我对此表示怀疑。不妨回顾在 2021 年莱茵河部分河段的洪水之后，生活富足的德国夫妇看到自己的住宅被洪水冲垮时相互依偎哭泣的那一幕。这足以让我们意识到，即使未来 100 年把大多数发展中国家的生活水平提升至今日德国的水平，一个升温 4℃ 的世界仍然是一场彻头彻尾的灾难。即使令发展中国家的人均收入增长 10 倍，当面对一场毁灭性的风暴时，这种增长也不能为我们提供太多的帮助。何况，如果这个世界真的在走向灾难，我们就不太可能会变得更富有。这种不幸的情况一旦成真，折现率甚至有可能转为负值。

既然跨出了纯科学的领域，我们就不得不追问一个更深入的问题：谁该为应对气候变化的影响买单呢？孟加拉国的农民应该支付这笔费用吗？事实

215

上，他们自始至终没有参与这个问题。相反，生活在富裕、发达国家的人一直在从廉价的高碳能源中获益。也许，现在是他们该为之做些什么的时候了。

即使抛开伦理和利他主义的考量，确保像孟加拉国的农民一样生活在不发达地区的人的生活不至于过于艰难，其实也符合发达国家的利益。因为像孟加拉国的农民一样生活在不发达地区的人和数十亿正像他们一样生活的人还可以做出另一个选择：不再忍受有可能毁掉他们的高温天气、频发的风暴和长期的干旱，而是携家带口地尝试向气候更加宜于生活、更靠近地球两极的地区迁移。历史上，迁移是人类文明应对局部气候变化的一种方式。但如今，这样大规模的人口迁移将成为引发重大冲突的一大因素。发达国家如果不喜欢这一选项，他们就应该努力确保像孟加拉国的农民一样生活在不发达地区的人和他们的孩子们在当下生活的土地上能够过上有意义的生活。回想一下马歇尔计划，美国之所以向战后的欧洲提供财政援助，也不完全是出于利他主义考量。为了未来着想，我们需要提出气候领域的马歇尔计划。[12]

至此，我们可以对第二部分做个总结。在某地的天气预报预测即将出现飓风之后，是否采取行动取决于个人的选择。气象学背后的基础科学不会指导我们在明天出现飓风时该怎么做，天气预测员也没有这样的义务。但是，通过气象学与成本–损失模型的结合，人们就可以确定是否要在极有可能出现飓风的日子里避免出行。

我们也可以用类似的方式来审视气候变化。使用化石燃料是否会导致大气中二氧化碳的浓度上升？是的。二氧化碳是一种温室气体吗？是的。温室气体的排放是否会提升气候变化进入危险阶段的风险？答案仍是是的。但是，我们是否应该尽快减少温室气体的排放？对于这个问题，科学也无法给出确切的答案。那些呼吁"尊重科学"的活动家似乎忽略了最后这一重点。

216

物理学家萨宾·霍森费尔德（Sabine Hossenfelder）对此给出了一个生动的譬喻，而这显然是指某些醉酒的德国人在铁路桥上可能做出的行为。她说："科学不会阻止你朝着高压电线撒尿，它只会告诉你尿液是电的良好导体。"

　　如同在天气预测领域一样，借助成本－损失分析，我们也可以决定是否要在气候变化的领域采取预期性行动。不过，这需要给在炼狱地球生活等无法明确标定价值的事物来定价。尽管未来气候的变化存在一定的不确定性，但是根据在其他生活领域，人类对其存在的重视程度，我们似乎有理由现在就开始采取行动。这是我们每个人最终都必须做出的决定。例如，我们将投票支持哪一位政治家。

第三部分

在混沌宇宙中，理解量子世界与人类

我认为，要真正理解量子非定域性，我们需要一种全新的理论。这种新理论不应该是对量子力学的小幅调整，而应该像广义相对论之于牛顿力学那样，是一套与标准量子力学截然不同的理论。它必须构建于全新的概念框架。

——罗杰·彭罗斯[1]

如果要求一台机器不能犯任何错误，它就不可能是智能的。

——艾伦·图灵[2]

用第一部分的两个核心思想来解释宇宙中最令人困惑的两个领域：量子物理和人类本身。我首先假定混沌几何学适用于宇宙这一整体。这就引出了以下这一重要的观点：一些我们本可以采取某些行动但事实上没有行动的反事实世界，并不遵循物理学定律。基于这一观点，一些长期存在的关于量子的未解之谜终于得以被理解。接着，我又探讨了人类的大脑能够建设性地利用噪声来模拟周围的世界，而这终于使得人类成为一个具有创造力的物种。按照我的猜想，混沌几何学或许有助于解释人类最发自本能但又令人困惑的两种体验，即拥有自由意志和意识。最后，我提出了一个关于上帝本质的、新颖的见解。要提请读者注意的是：我在第三部分中的讨论并不像前两部分那样经过严格的论证。

THE PRIMACY OF DOUBT

第 11 章

———

重新审视量子世界的
不确定性

在第 4 章中，我并没有对量子不确定性的性质给出最终的定论。爱因斯坦提出，量子波函数描述了一系列可能情境的集合。为了解释他的观点，爱因斯坦设想有一个光子正在朝一个涂有荧光物质的半球体上的某点移动。按照爱因斯坦的理论，在集合的每个可能的情境中，光子到达半球体时所走的路径都不同。在进行宏观测量之前，比如说观察到荧光物质的闪烁，实验人员并不知道哪个情境会成为现实。从爱因斯坦的视角看，量子不确定性是一种认识论问题。它揭示了人类本身的不确定性，而不是光子的不确定性。与此相对，另一位物理学家玻尔认为量子不确定性是量子系统的固有特性，即是本体论的。后来，由约翰·贝尔设计、利用一对纠缠光子得以成功进行的贝尔实验，对爱因斯坦的集合理论提出了有力的质疑，并支持了玻尔的观点。实验表明，微观粒子本身在到达目的地之前都不知道它们要飞向哪里。这实在令人费解。

谁才是正确的呢？多年来，人们的选择是耸耸肩，然后说，"接受它吧"。坦白说，谁在乎它是认识论的，还是本体论的？这些问题被认为该由使用高深词汇讨论的哲学家来解决，而不是由计算复杂方程的物理学家来处理。最常见的反应是"闭嘴，开始计算"。在天体物理学、凝聚态物理学、量子计算、高能物理学等尖端研究领域，只要不理会这些看上去十分深奥的问题，量子力学都能适应得很好。举例来说，在气候物理学领域，研究人员必须考虑光子在大气中被吸收和散射的过程，但不必操心这些辐射过程中不确定性的本质。研究人员只是就当前的问题来设定及解出薛定谔方程或其近似方程。

现在，物理学家终于开始质疑这一常见的反应。原因有以下几种。

首先，弦理论开始失去它的魅力。该理论是物理学界将量子力学和万有引力统一起来的首选理论。物理学界希望由此得出一个所谓"适用于世间万物"的理论。弦理论提出了超对称的概念。它认为如果世界是超对称的，那么光子等携带力的基本粒子和电子等感受这些力的基本粒子之间就不存在根本性的区别。超对称理论认为可能存在其他类型的基本粒子，如光微子和选择子。弦理论没有指出超对称粒子的质量，但许多物理学家希望通过欧洲核子研究中心的大型强子对撞机探测到它们。然而，到目前为止，没有人观测到这些粒子的存在。

其次，近年来，科学界已经明确地意识到宇宙中超过 80% 的物质是所谓的暗物质。我们只能观察到它的引力的存在，但对其本身一无所知。科学家用尽数十种实验搜寻可能构成暗物质的假想粒子，但没有找到任何它们存在的迹象。目前，没人知道暗物质是由什么构成的，如果它真的是由某种物质构成的话。[1]

暗能量是另一个谜。它使宇宙加速膨胀，这似乎与观测结果并不相悖。量子场论，即量子力学为了描述基本粒子而做的理论延伸，推论出这个加速度的可能值。然而，这个值比实际观测值大了 10^{120} 倍。[2] 如果宇宙真的按照量子场论推论的值在加速的话，那么恒星和星系在形成之前就会因宇宙膨胀而被撕裂。人类当然更不会幸存。因此，量子场论关于暗能量的预测有时被称为科学史上最糟糕的预测。[3] 相比之下，菲什的天气预测堪称完美！

基于上述这一切，一些物理学家开始提出一个以前很少有人敢问的问题：量子力学本身是否存在一定缺陷？除非找到哪里出了问题，物理学界无法正确地将引力与自然界的其他基本力统一到一起。多年来，敢于提出这种可能性的是世界著名物理学家、诺贝尔奖得主彭罗斯。他的观点可参见第三部分的引言。

让我们鼓起勇气重新审视贝尔实验。这里，有必要重述一下图 4-6（见图 11-1），并重新审视表 4-2 中的粒子自查表（见表 11-1）。

图 11-1 显示了贝尔实验的过程，其中爱丽丝和鲍勃分别测量了其负责的纠缠粒子对的自旋。表 11-1 则是假想中爱丽丝所测量的粒子的自查表的一部分。这个自查表的存在基于爱因斯坦支持的量子物理学之标准确定性隐变量模型。自查表的每一行对应于 SG 装置的 3 种可能的磁场方向，每一列则代表某个粒子自旋的测量结果。原则上，自查表中的行数和列数应该比表 11-1 多得多。然而，由于我只是想说明其中的原理，这里仅用 3 行就足够了。

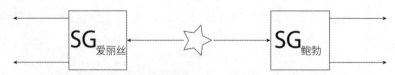

图 11-1　贝尔实验使用沿相反方向移动的纠缠粒子

在实验中，爱丽丝和鲍勃的 SG 装置可以任意设置磁场的方向。但是，如果他们将各自装置设定在同一个方向，那么当爱丽丝测得她的粒子自旋向上时，鲍勃所测量的粒子则会自旋向下。在现实中，操作者通常利用光子和偏振器来完成这个实验，而不是设想中的电子和 SG 装置。

表 11-1　贝尔实验中爱丽丝负责测量的 12 个粒子的自旋方向自查表

1	+	-	-	+	+	+	-	+	+	+	+	+
2	-	+	-	+	-	-	-	+	-	-	-	-
3	-	+	-	-	+	-	+	-	+	+	+	+

该表基于爱丽丝的 SG 装置的 3 种可能定向。粒子自旋向上（+）及自旋向下（-）的统计结果必然满足正文中提到的贝尔不等式。鲍勃负责测量的 12 个粒子的自查表与此表没有太大差别，只需将表中所有的自旋向上替换成自旋向下，反之亦然。实验结果显示，在选择某些特定的测量方向时，统计结果并不满足贝尔不等式。因此，自查表的存在以及量子物理学的隐变量理论均受到了质疑。

回顾一下第 4 章所描述的根据表 11-1 计算出的 A、B 和 C。A 是指在第 1 行和第 2 行都被填入 + 的列数。B 是指在第 2 行被填入 - 和第 3 行被填入 + 的列数。C 是指在第 1 行被填入 + 和第 3 行被填入 + 的列数。第 4 章已经指出无论以怎样的方式将 + 和 - 填充到这张表中，我们可以用数学的方式简单地证明 A + B 总是大于或等于 C。这个结论又被称为贝尔不等式。

让我们再看看在现实中验证这一等式的过程。实验实际上测试了贝尔不等式的略复杂的版本。不过，我接下来要谈到的内容同样适用于这个更复杂的版本。

就图 11-1 中的每对粒子来说，爱丽丝和鲍勃必须独立决定要在方向 1、方向 2 还是方向 3 测量粒子的自旋。我们不需要精确地知道这些方向指向哪里，而只须理解量子力学指出在这些方向上贝尔不等式不能被满足。

根据爱丽丝选择方向 1 而鲍勃选择方向 2 的测量子集，我们来计算 A。为了进行这一计算，我们必然会用到以下事实，即两个纠缠粒子的自旋值之和为 0。这意味着如果鲍勃选择了方向 2 并测得 +，那么对于这对粒子，如果爱丽丝也对她负责的粒子在方向 2 测量了自旋，她将会得到 -。同理，我们可以根据爱丽丝选择方向 2 而鲍勃选择方向 3 的测量子集计算 B，再根据爱丽丝选择方向 1 而鲍勃选择方向 3 的测量子集计算 C。表 11-2 展示了其中一部分结果。

表 11-2　贝尔实验中爱丽丝对其粒子测量自旋方向的自查表的一部分

1	+	-	-	+					+	+	+	+
2	-	+		+	-	-	-	+				
3					+	-	+	-	+	+	+	+

第 1 列表示爱丽丝在方向 1 测量得到 +，而鲍勃在方向 2 测量也得到 +。这意味着如果爱丽丝与鲍勃一样选择了方向 2，她将会测量得到 -。同理，第 12 列表示爱丽丝在方向 1 测量得到 +，而鲍勃在方向 3 测量得到 -。这意味着如果爱丽丝选择了方向 3，她将会测量得到 +。

首先，要注意的是表 11-2 有空白的表格。表 11-1 的每一列对应着 3 栏，而表 11-2 则只对应着 2 栏和一个空白栏。根据这一部分的自查表很容易看出贝尔不等式是无法满足的。在表 11-2 中，A = 0，B = 0，C = 4，这显然与贝尔不等式不符，因为此时 A + B 小于 C。

由此可知，根据表 11-2 这一类局部自查表中的实验数据对 A + B 和 C 的估计，并不能充分证明隐变量理论的无效。为了用实验结果来排除隐变量理论，我们需要对从中估算出 A、B 和 C 的粒子对的 3 个实验子集的性质做出额外假设。这个假设是 3 个粒子子集在统计上是等价的。如果它们具有这种特性，只要有足够大的统计样本，即自查表中的列足够多，我们就可以假设 A、B 和 C 的实验估算值与从完整自查表中得到的 A、B 和 C 是一样的。

这个假设乍一看似乎很合理。设想科研人员正在进行一项新冠病毒疫苗或其他药物的盲测实验，以评估其在社会中的可能应用。在这项实验中，一组被试接受药物治疗，另一组被试接受安慰剂。如果实验的设计是恰当的，那么无论哪一组被试接受药物或安慰剂都不会对实验结果产生影响。为了保证药物试验的有效性，两组被试的年龄、性别、种族、眼睛颜色等相关特征应该在统计上没有差别。

然而，当涉及粒子的实验时，子集在统计上等价就不具有明确的意义了，因为粒子无法用性别、年龄或眼睛颜色来区分。事实上，物理学家区分一个子集与另一个子集的唯一方法是用何种方式测量该子集中的粒子的自旋。例如，爱丽丝所负责的粒子都是在方向 1 上测量的。

那么物理学家为什么通常会假设子集在统计上是等价的呢？因为尽管爱丽丝实际上是在方向 1 上测量了某个特定的粒子，但她其实也有可能会在方向 2 或方向 3 上测量它。设想爱丽丝因为其祖母是在某个月的上旬出生而在方向 1 上测量某个粒子。鉴于她的祖母同样可能出生在某个月的下旬，按照同一逻辑，爱丽丝也有可能从方向 3 上测量同一个粒子。

在量子基础理论界，认为粒子的内在特性与测量环境中奇特的决定因素之间存在某种物理联系的观点，被视为是不能取信和过于牵强的。因此，物理学家通常假设不同的子集在统计上是等价的。而一旦接受这个假设，我们立即要面对一个令人不愉快的事实，即贝尔不等式的不能满足只能通过放弃现实是明确的这一概念或同样令人不安的量子超距作用概念才能得到解释。

尽管这套支持统计上的等价性的论证是完全合理的，但我在本章中想要指出的是，根据混沌几何学，粒子的隐变量与测量环境之间可能的确存在某种隐秘的物理联系，而且它绝不像听上去那般荒诞不经或生硬捏造。

为了说明这一点，我们不妨将时间拉回到 20 世纪，想象存在一个反事实世界，爱丽丝曾祖母的孕期长达 42 周而不是标准的 40 周。在这个反事实世界中，爱丽丝的祖母出生在某个月的下旬，因此爱丽丝会选择在方向 3 而不是方向 1 上测量她的粒子。

在此，我想提出一个关键的问题，即爱丽丝曾祖母的孕期为 42 周的世界是否一定遵循物理定律？我们可以再说得明确一些。基于宇宙的实际状态，设想一个与爱丽丝曾祖母的孕期为 42 周的实际状态看上去十分接近的数学形态。那么，这个宇宙的数学形态是否一定遵循数字化的物理定律？

假设由于后文将会讨论的某种原因，答案是否定的。那么爱丽丝在方向 3 上进行测量的反事实世界也就不会遵循物理定律。如果这一判断是成立的，那么爱丽丝的粒子的内在特性与实际测量环境 1 之间存在某种物理联系，不但不是荒诞不经的，而且完全不可避免！ [4]

事实上，量子基础理论学家们认为 3 个粒子子集之所以在统计上等价是基于以下的隐含假设：爱丽丝和鲍勃也可能以不同于他们现实测量方式的方式来测量其负责的粒子。取消这一条件，粒子子集的统计等价性假设就会崩溃，进而我们也就无须用超距作用或不确定的现实来解释实验对贝尔不等式的违背！

物理学家经常思考反事实世界，但我怀疑整个学界很少追问设想出的反事实世界是否遵循物理定律。在第 9 章中，我们提到斐迪南大公的司机走了不该走的路线。如果他选择了那条正确的路线，大公就不会被普林西普刺杀，而整个 20 世纪的历史也将彻底改观。斐迪南大公没有被刺杀的世界是一个反事实世界。这样一个世界是否必然会遵循物理定律？

从经典物理定律的视角来看，答案是肯定的。例如，洛伦茨方程或适用于流体计算的纳维 - 斯托克斯方程都允许对方程的起始条件进行微小的改动。同样地，经典物理定律也不会阻止你假设世界出现了一个微小的变化，比如蝴蝶扇动了一下翅膀，这个变化将使斐迪南大公的司机选择另外一条路线。因此，我们可以认为经典物理定律具有"反事实上的确定性"。由于这一特性，人们经常利用反事实的概念来推导因果关系。[5] 假如我没有扔石头，窗户就不会破。因此，由于现实中我扔了石头，所以我把窗户砸破了。

这并不意味着某些反事实世界有可能与某个尚未被发现的量子物理理论中的物理定律不相一致。这样的理论具有反事实上的不确定性，是所谓的超决定论（superdeterministic theory）的一个实例。[6] 要区分我所提到的决定论模型和超决定论模型，我们可以采取以下思路：在决定论模型中，未来是由某个既定的初始条件开始、由物理定律预定的。纳维 - 斯托克斯方程是一个决定论模型。尽管它具有确定性，但我们仍可以设想对它的初始条件做出微小的改动，如稍稍改变一下湍流中的一个小涡流。以更改后的初始条件为出发点的确定性演变，尽管与现实世界中发生的事件不同，但从数学的角度看是被这个决定论模型所允许的。而在超决定论理论中，更改后的初始条件是不可能满足该理论的方程的。因此，以更改后的初始条件为出发点的演变也不可能满足该理论的方程。

反事实上的确定性这一假设在量子基础理论的研究中并没有得到足够的重视，这是因为人们不知从何下手构建一个具有反事实上的不确定性的量子物理模型。2020 年逝世的俄罗斯裔以色列数学家鲍里斯·齐雷尔森（Boris Tsirelson）是一位真正理解反事实确定性的重要性的量子领域的杰出学者。齐雷尔森极大地拓展了人们对贝尔不等式的理解。通过以他的名字命名的齐雷尔森界限，他量化了量子力学违反贝尔不等式的程度。非常重要的一点是任何推定的量子物理理论都不能在齐雷尔森界限之外违反贝尔不等式。在对贝尔不等式的教学式的描述中，齐雷尔森清楚地指出，如果隐变量理论要满足贝尔不等式，反事实上的确定性是一个至关重要的假设。[7]

事实证明，反事实上的不确定性也可以解释第 4 章中序列 SG 实验的谜题。关键的问题在于，实验人员反转了图 4-5 中的最后两台 SG 装置，同时让粒子及其隐变量保持不变，这样一个反事实实验是否会遵循物理定律？一个不存在反事实的理论为量子力学中所谓"自旋非对易性"提供了解释。

换用通俗的语言来说，非对易性意味着实验人员不能认为序列 SG 实验是由完全独立的 SG 子组件组成的。他们不能就同一个粒子简单地反转 SG 子组件的顺序。也就是说，整体不仅仅是各个部分的总和。一种具有此类反事实上不确定性的、基于集合的隐变量理论，可以解释这个序列 SG 实验。我在前文中对此已有叙述。

如果有一个通用的、同时适用于贝尔实验和序列 SG 实验的理论，这当然会令物理学界感到满意。两者都揭示了量子世界的一个重要特性，即固有的不可分割性。玻姆和巴西尔·赫利（Basil Hiley）通过其讨论量子物理学中隐变量理论的、颇具影响力的著作《不可分割的宇宙》（*The Undivided Universe*）的书名强调了这一概念。[8] 该书名传达出这样一条信息，即宇宙作为一个整体远大于其各个部分的总和。它为下一部分的论证提供了重要的指导。

理解量子世界的不可分割性

物理定律的哪些形式可能让某些关键的反事实量子世界与这些定律不兼容呢？我要指出，在第一部分讨论的基于混沌几何学的物理定律能够做到这一点。

要理解量子世界固有的不可分割性，我们需要将视野扩展至非常深邃的远处。我们将让洛伦茨的见解不再局限于地球上的流体动力学系统，而是被应用于包括所有恒星、星系及星系团的整个宇宙。这也就是说：

- **猜想 A：** 整个宇宙是一个在宇宙状态空间中某个分形吸引子上演变的非线性动力系统。[9]

宇宙状态空间与裤子状态空间或洛伦茨模型的状态空间相类似，规模则大得多。它描述了宇宙中一切物体的所有自由度，具有海量的维度。而且，如同洛伦茨吸引子一样，宇宙的吸引子在所有度量级别上都有分形间隙。量子反事实世界就位于这些分形间隙之中。

我将猜想 A 称为"宇宙不变集假设"。所谓"不变集"，只是"吸引子"这个概念的数学表述方式。[10] 我们还可以换个方式来表达猜想 A：

- **猜想 B：** 物理定律的核心是描述宇宙状态空间中一个分形不变集的几何结构。

假设的反事实量子世界如果并不位于不变集上，就与猜想 A 和猜想 B 不符。这为我们提供了一种可能的数学方法，不必放弃确切的现实世界及避开神秘的超距作用的概念，就可以理解违反贝尔不等式的情况。

那么，我们怎样以数学的方式来表述这个假设呢？我们不能用普通的
"实数"来表示。第 2 章提到，实数与欧几里得几何紧密相关，而分形几何
与之完全不同。我们需要借助 p 进数，即纯粹的数学家用来探究数学的"量
子"特性的数字，比如整数 1、2、3……在 p 进数理论中，如果一个点不在
其对应的分形上，那么它必然与分形上的点有一定的距离，即使从欧几里得
几何的角度来看这些点似乎非常紧密。换句话说，从 p 进数理论的视角来
看，让一个点偏离宇宙不变集是一次巨大的改变，而从欧几里得几何的视角
看这个改变似乎很微小。[11]

我在一系列论文中构建了一个上述猜想中提到的宇宙不变集的数学模
型。[12] 我将这个模型背后的整体框架称为"不变集理论"。那么，宇宙不变
集究竟是什么样子呢？它会像第 2 章中的洛伦茨或勒斯勒吸引子那样吗？

目前，针对不变集理论的数学研究只能告诉我们宇宙不变集上轨迹的分
形结构，而不是它的整体结构。量子轨迹的分形结构如图 11-2 所示。在这里，
状态空间轨迹不是像图 2-2 中那种单一的一维曲线，而更像是图 11-2（a）中
的一条绳子。也就是说，从远处看似乎是单一曲线的量子轨迹，实际上是一
组相互缠绕的轨迹，我们不妨将其想象为宇宙的 DNA。[13] 相应地，其中每
一条较小的轨迹本身也是由一组轨迹组成的。如果对这类绳状的量子轨迹进
行横切面观察，它呈现出图 2-9 中 p 进数所示的分形结构，图 11-2（b）也
展示了类似的结构。当量子系统在所谓的量子退相干过程中与环境相互作用
时，绳状的量子轨迹开始离散，如图 11-2（c）所示。最终，这些退相干的
量子轨迹会聚集在一起，如图 11-2（d）所示，它们与标准量子力学中自旋
向上或自旋向下等离散测量结果相对应。

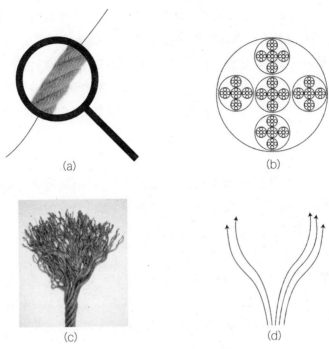

图 11-2　量子轨迹的分形结构

（a）不变集理论认为量子轨迹在被放大后不再是图 2-2 的状态空间中那种简单的曲线，而是类似于由一组较小的状态空间轨迹构成的一条绳子，而这些相互缠绕的每一条较小的轨迹又由一组更小的轨迹构成。（b）该绳状轨迹的横截面是第 2 章中可由 p 进数表示的几何。（c）一旦系统与环境发生相互作用，绳状轨迹就"退相干"成更小的轨迹。（d）最终，退相干的轨迹发展为离散的聚类，这是一种与引力现象相关的非线性过程。这些聚类对应于量子力学中的测量结果。

　　一个重要的数学发现是，图 4-5 的序列 SG 实验或图 11-1 的贝尔实验所展示的假想的量子反事实世界必然存在于绳索不同分股的间隙中，因此无法用 p 进数来表示。这些反事实世界并不位于不变集之上。引出这一结论的关键几何思想详见注释。[14] 这一推理过程借助了球面三角形的数学性质和有理数与无理数的不同。[15] 这个结论意味着，根据猜想 A，此类反事实实验与物理定律不相符。而这就说明，令这些反事实实验得以发生的先行世界同样不可能位于不变集上。正因如此，我们才能够确信，爱丽丝的曾祖母孕期为42 周的反事实世界不能遵循物理定律。发生在 20 世纪的这些过程不是直接原因，而是间接原因，这些过程导致了 21 世纪某个特定的量子测量环境设置。爱丽丝的曾祖母不可能意识到这一点，最重要的原因是本书第一部分已经说明不变集是不可计算的，即没有算法可以确定状态空间中的点是否位于分形集上。

简单来说，反事实明确性的缺失正是使贝尔不等式的违背与爱因斯坦的集合理论协调一致所需的关键，同时它既保留了确定现实的概念，也不必绕开爱因斯坦极度反感的超距作用的概念。

同样的原因还解释了为什么当实验人员尝试确定光子在穿过图 4-2 中的双缝时经过了哪一条路径时，干涉图案就会消失。这是因为一个实验人员测量粒子从哪条缝隙穿过且保持干涉图案不变的反事实世界，并不位于不变集之上。

我们也可以以另一种方式来理解不变集理论。量子力学源于德国物理学家马克斯·普朗克（Max Planck）的一个大胆假设，即光的能量变化不是连续的，而是以被普朗克称为"量子"的离散单元存在。为了接纳这一理念，量子力学的状态空间，我们也可以称之为量子裤子空间，必须是一种特殊的类型。我们将这种状态空间称为希尔伯特空间，以数学家希尔伯特的名字为之命名。在第 2 章中，我们曾介绍过希尔伯特提出的"停机问题"。量子裤子空间本身是连续的。通过一系列无限小的步骤，你可以从希尔伯特空间的一个点移动到另一个点。在不变集理论中，我们将普朗克的假设又向前推进了一步，将希尔伯特空间离散化。为了使这个方法有效，离散化必须以非常特定的方式进行。[16] 离散化的希尔伯特空间中的间隙对应着可以对量子系统进行但实际上并未进行的反事实测量。

在不变集理论中，并非所有的反事实世界都是不一致的。有许多位于不变集上的、相邻近的反事实轨迹。根据猜想 B，物理定律其实是用建立在真实轨迹和反事实轨迹的几何特性上的定律来描述沿着真实轨迹发生的事情。从这个角度来看，我们可以以如下方式解释图 4-2 中的双缝实验：尽管现实中光子只穿过图 4-2 中的一个缝，但不变集上也存在光子穿过另一个缝的反事实轨迹。如果将真实的轨迹看作"阴"[17]，那么反事实的轨迹就是"阳"。如同活塞发动机曲轴上的配重一样，反事实轨迹确保了真实量子世界的平稳运行。共同描述出不变集的几何形状的反事实和真实轨迹的集合，在时空中给出了干涉量子波的外观。

量子力学以同样的方式看待真实轨迹和反事实轨迹的本体论。这正是为什么一个粒子同时出现在两个地方这一类的量子力学现实如此难以理解。相比之下，在不变集理论中，真实轨迹和反事实轨迹有一个独特但相互依存的本体论。两种轨迹虽不相同，但如果一个人想要理解真实轨迹上的进化[18]，就不能忽视反事实的轨迹。在本章之后的文字中，我们将得出结论，即反事实轨迹实际上也是真实的轨迹，只是对应于这一宇宙更早或更晚的时代。也就是说，根据不变集理论，量子物理学将宇宙多个不同时代在真实世界的演变联系在一起。不仅空间宇宙是不可分割的，它的不同时代同样是不可分割的。

从不变集几何的阴与阳的角度，我们可以理解为什么量子计算机比传统的经典计算机更强大。后者只处理单一的经典轨迹上的信息，而前者则额外处理了不变集上与真实轨迹邻近的许多反事实轨迹的信息。稍后，我还将探讨用量子的阴阳理论来解释源自人类本能的自由意志和意识的可能性。

宇宙不变集假设可以用实验来检验吗？我正在和英国布里斯托尔大学的物理学家一起研究这个问题。[19]核心思想是不变集的理论以有限数学为基础，因为 p 进数中的 p 是有限整数。这会引发一系列的后果，其中一个是，当 n 接近 p 的对数时，由 n 个被称为量子位的基本系统组成的量子系统的可变数量不会像量子力学所推导出的那样多。[20] 事实上，量子计算领域研究人员发现很难任意纠缠大量量子位，因为量子位容易受到嘈杂环境的干扰。我在这里想要提出的是，一旦足够多的量子位相互纠缠，这种障碍可能是不可避免的。这个想法可能与引力退相干的概念相关，后文将对此进行更深入的讨论。

宇宙不变集假设

人类对宇宙广阔结构的了解是否支持"宇宙不变集假设"，即猜想 A 和 B？

宇宙起源于一个极高密度和极高温度的状态，这通常又被称为大爆炸理论。这一理论在一定程度上基于理论推导，尤其是彭罗斯和霍金共同完成的研究。这项研究揭示了广义相对论推导出必然存在一个初期宇宙时空奇点，而广义相对论将在这个奇点处崩溃。彭罗斯还因此获得了诺贝尔奖。此外，根据 20 世纪 30 年代美国天文学家爱德温·哈勃（Edwin Hubble）的观测，我们还得知宇宙正在不断地膨胀，而这也意味着它起源于一个高度密集的状态。1965 年，美国射电天文学家阿尔诺·彭齐亚斯（Arno Penzias）和罗伯特·威尔逊（Robert Wilson）发现宇宙微波背景辐射就是这一密集的大爆炸状态的产物。

宇宙的终局是什么？它最终会走向一场"大坍缩"吗？如果是这样，我们是否能将从大爆炸开始发展到当下的宇宙看成多时代宇宙中的一个时代，而这个多时代宇宙一如图 11-3 所示，时间既无起点也无终点。宇宙不变集假设认为宇宙要经历多个时代的发展。不变集上的相邻轨迹分别对应于宇宙未来或过去的时代，它们的演变与我们所在的这个宇宙类似但不完全相同。

　　然而以上的设想存在一个问题。根据对遥远的超新星的观测，学界普遍认为宇宙不仅在膨胀，而且它的膨胀速度在加快。宇宙的加速膨胀与暗能量有关。如果宇宙持续加速膨胀，那么它就永远不会再次走向大坍缩的状态，也就不会演变成一个多时代的宇宙。在这种情况下，我们就没有处于一个稳定的分形不变集上，而只是处于一种短暂的调整状态，宇宙最终可能进入一个既无恒星也无生命、平淡无趣的不变集。

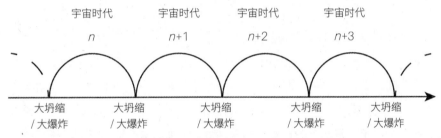

图 11-3　一个经历多次大爆炸和大坍缩而演变的多时代宇宙

一个关键的问题是，这些反复出现的时代会在宇宙状态空间中描绘出怎样的几何形态？我认为，这样的一个宇宙可能在状态空间的一个分形不变集上演变，类似于一个维度高得多的状态空间中的洛伦茨吸引子。如果这个判断是正确的，它或许能解释量子非定域性等量子力学领域最深奥的谜团。传统的还原论认为为了理解宇宙奥秘，人类需向越来越小的维度去探求，而这与多时代宇宙的理论是矛盾的。就后者而言，量子非定域性可以通过最大可能维度上的宇宙结构而得到解释。

　　幸运的是，在以下 3 种情况下，宇宙不会走向死寂。第 1 种情况是，暗能量最终将会逆转，推动当前这一宇宙时代的终结性坍缩。[21] 第 2 种情况与彭罗斯的一个命题是相关的，即宇宙中所有有质量的物质最终会变成光子等无质量粒子。对无质量粒子来说，不存在空间或时间的概念。因此，当前宇宙的渐近终结状态可以通过共形缩放这一数学过程无缝地转换到一个新宇宙时代的密集大爆炸状态。[22]

结合本书之前的讨论，我觉得第三种可能性是最有趣的。宇宙加速膨胀的理论基于宇宙学原理的假设，即宇宙在最大尺度的观测上是均质的。在本书中，我们讨论了湍流、人际网络、经济系统、分形等多种非线性系统，这些系统都表现出幂律行为。幂律行为在不同维度上均具有相似性的结构。幂律行为的普遍性可能同样适用于宇宙的最大尺度。最近关于宇宙中出人意料的巨型结构的发现可能正说明了这一点。[23] 如果关于幂律行为的判断是正确的，那么宇宙的膨胀可能并没有加速，那只是一个错觉。[24] 那么，我们自然容易得出宇宙将最终崩坏成一个"大坍缩"奇点的结论。

我还记得我小时候在电视上看到英国宇宙学家弗雷德·霍伊尔（Fred Hoyle）解释他的宇宙稳态理论。这个理论认为大爆炸是不存在的。霍伊尔认为时间起源的概念并不严谨，它似乎暗示了要由一位上帝来设定宇宙源起的适当的初始条件。实际上，霍伊尔在创造"大爆炸"一词时，正是想嘲弄那些人为设定宇宙起点的理论。然而，彭齐亚斯和威尔逊的发现彻底推翻了霍伊尔的理论。但另外，如果大爆炸只代表我们当前这个宇宙时代的起点，那么霍伊尔关于时间没有起源的观点其实可能是正确的。

我们再来探讨一下由"宇宙不变集假设"带来的一些潜在影响。

比如，它为当代物理学的一个核心问题，即热力学第二定律的起源，提供了某种启示。当一个玻璃杯掉到地上，它会破裂成一些碎片。这个过程永远不可逆。因为热力学第二定律告诉我们，熵这一宇宙无序度的衡量，总是随时间的增加而增加。由于它的这一特点，在大爆炸时，熵的值必然非常小。但为什么会这样呢？

在简单的混沌系统的演变过程中，我们可以看到熵的增加。图 2-7 展示了由状态空间内的点构成的简单的环如何演变成较为复杂的不规则的香蕉或回旋镖形状。如果继续这一模拟过程，这个香蕉形状还会进一步地变形，变得与初始环越来越不相似。最终，扭曲的环将布满整个分形吸引子。我们可以通过定义一个数量单位来衡量环的变形程度，一如热力学系统中的熵，度量值通常会随时间的增加而增加，直到由多个点构成的初始环完全遍布整个吸引子时达到它的最大值。

上述过程可以很好地解释当玻璃杯被打破并碎裂成一些碎片时熵的增加。设想图 2-7 中的初始环代表一系列初始条件的集合，其中每个初始条件都对应着一只玻璃杯。从现实的角度看，集合中每个初始条件所对应的玻璃杯看起来都是一样的，只是其中原子排列的方式略有不同。由于不同的原子排列方式，每个玻璃杯碎裂的方式也完全不同，而且碎片将在地上形成全然不同的图案。整个集合将以混沌的方式扩散开来。混沌系统和热力学系统在很多方面具有相似性。

关键的地方在于，由图 2-7（a）可知，在状态空间的某些区域里，初始环的形状几乎没有变化。实际上，在这些区域中，初始环甚至有可能会变小。这些区域即是吸引子的稳定部分，也就是说，在这一区域中的玻璃杯即便落到地上，也不会改变状态，因为这个玻璃杯不会碎裂。

现在，如果我们所在的宇宙是在一个宇宙吸引子上演变，那么可以想象，在状态空间的某些特定区域，多个宇宙的初始环会随着时间推移靠得更加紧密。位于这些区域的宇宙的熵将会减少。换句话说，不变集的非均质几何结构自然地导出了以下画面：在状态空间的大多数区域里，熵在增加，然而在它的某些区域里，熵实际上却在减少。

为了让上述判断有助于理解大爆炸时的宇宙低熵状态，我们还需假定那些熵不断减少的状态空间区域对应着那些正在引力作用下崩坏至大坍缩的宇宙。如果以上都成立的话，那么在大坍缩与下一次大爆炸之间，熵的值为最低。[25]

这个结论意味着什么呢？所谓的"引力"实际上是不是一种与宇宙不变集的异质几何结构相关的现象？具体地说，"引力"是不是如图 11-2（d）所示在不变集上聚集的量子轨迹的趋势的表现？如果答案是肯定的，那么引力就与量子测量过程是相关的。彭罗斯和理论物理学家拉约什·迪奥西（Lajos Diósi）曾分别提出这一观点。[26] 在我看来，确定引力是否真的在量子测量过程中发挥作用是当代物理学中最重要的未解决实验之一。由于量子轨迹的聚集以图 11-2（c）所示的不变集上量子轨迹的"退相干"解开为先导，不变集理论支持了引力和退相干在本质上存在联系的观点。

无论是研究量子退相干还是宇宙的熵，物理学界都很容易得出这样一个判断，即引力是一种与其他自然力截然不同的力。从某种意义上讲，人们其实已经认识到这一点，比如在广义相对论中，引力根本不是一种力，而是时空曲率的体现。在此基础上，用量子场论的原理将引力与其他自然力统一起来的努力看上去像是一次错误的尝试。如果宇宙不变集假设是正确的，那么量子场论就不会成为让二者达成统一的合理途径。实际上，更进一步来说，我认为大多数物理学家在将量子理论和引力物理学进行综合时采用的"量子化引力"方式其实是本末倒置。与其发展一种有关引力的量子理论，或许发展一种有关量子的引力理论更能帮助物理学界取得进展。[27]

如果上述推论是正确的，就不存在弦理论等有关引力的量子场论中提到的引力子这样的粒子。这是目前尚无法直接验证的理论预测。

前文曾经提到，量子场论在与爱因斯坦的广义相对论结合之后，得出了一个比实际观测值大 120 个数量级的宇宙加速程度。然而，不变集理论则不会认为量子物理的效应能够直接影响宇宙大尺度上的加速。从这个角度来看，不变集理论似乎比量子场论更接近现实中的观测。

那么暗物质又该被怎样解读呢？爱因斯坦的广义相对论认为时空曲率取决于时空中的物质分布。通过修改广义相对论的场方程，影响我们所在时空的曲率的不仅是这一时空中的物质分布，还有宇宙不变集上相邻轨迹中的时空物质分布。如果这个观点是正确的，世界上可能并不存在暗物质粒子，暗物质或许只是不变集上相邻时空中物质对时空曲率产生的影响。

此外，如果时空曲率受到不变集上相邻轨迹中的物质的影响，经典广义相对论认为在黑洞和大爆炸中形成的所谓时空奇点，就不会出现。奇点问题一直被视为建立量子与引力物理学统一理论的关键条件。

推动理论物理学在 20 世纪及 21 世纪的发展的一个核心理念是"越微观越本质"，即所谓的"还原论"。热衷于粒子研究的物理学家希望在日内瓦湖下建造一个更大规模的粒子对撞机，以便将粒子加速到更快的速度以及更高的能量状态，从而在更小的尺度上探索物理学。学界普遍认为人类只有在更小的尺度上进行探索，才能加深对自然界的理解。但我个人认为还原论是一种有缺陷的方法论，并且由于对还原论的过度坚持，基础物理学正在朝着错误的方向发展。

总之，物理学界在解释量子物理学时并不一定要接受非决定论或超距作用的概念。从混沌几何学的角度看，爱因斯坦给出的确定性世界的集合的解读或许才是正确的。如果真相确实如此，我们就可以得出结论，人类生活在一个基本粒子和现实的概念真实无疑的世界中。这种解读世界的方式或许能为量子物理和引力物理学的融合提供更好的基础。但另外，物理学家要用不变集理论优于量子力学的确凿实验来让人们接受上述观点。在此之前，人们当然有理由对本章所讨论的观点保持一定的怀疑。

THE PRIMACY OF DOUBT

第 12 章

——

大脑中的噪声，
我们如何成为创造性的物种

　　在第 11 章中，我论证了物理定律在终极意义上很可能是确定性的，并且对应着宇宙这一人类所能想象的最高阶系统的吸引子或不变集的几何形状。回想第 3 章，我曾说明如果要用一个低阶的确定性系统来模拟一个高阶的确定性系统，我们应该截断高阶系统并向其中加入噪声来代表那些无法明确模拟的部分。我还指出在许多非线性系统中，噪声实际上是一种有用的资源，而不是人们通常认为的麻烦。例如，噪声有放大微弱信号的作用。基于此，我在本章中提出以下观点，**即人类大脑在尝试用低阶模型来理解周围的高阶世界时积极地利用了噪声的特性。噪声在人类进化为一个具有创造力和革新精神的物种的过程中起到了关键的作用。**不同于我之前讨论的例子，人类大脑中的噪声不是通过伪随机数生成器产生的，而是由人类大脑的生理结构生成的。大脑中的噪声似乎是仅需 20 瓦的功率就能运行、能效非凡的大脑的自然产物。

关键的创造性洞见都发生在放松的一刻

　　通常认为，古希腊数学家欧几里得是首位证明有无穷多个质数的人。所谓质数，是指大于 1 且只能被 1 和自身整除的整数，例如 2、3、5、7、11 和 13。欧几里得证明这一定理的过程如下：

- **步骤 1：** 假设质数的数量是有限的。

- **步骤 2：** 因此，存在一个最大的质数，我们称之为 P。

- **步骤 3：** 将所有质数（2、3、5、7、11、13…P）相乘，再加上 1，得到 Q。

- **步骤 4：** 根据这个构造方法，Q 不能被任何一个小于或等于 P 的质数整除，因为在做除法之后总会出现余数 1。

- **步骤 5：** 但是，包括 Q 在内的所有数，必然会被某个质数整除。这个质数可能是 Q 本身。

- **步骤 6：** 因此，必然存在一个质数比 P 更大。

- **步骤 7：** 所以，步骤 1 中的假设是错误的。

- **步骤 8：** 得出结论，质数的数量是无限的。

具体地说，假设我们认为 5 是最大的质数。根据欧几里得的证明过程，$Q = 2 \times 3 \times 5 + 1 = 31$。31 不能被 2、3 或 5 整除，总是会出现余数 1。因此，必须存在一个比 5 更大的质数。在这个例子中，31 本身就是一个比 5 大的质数。

我们来看一下，这个证明过程中有哪些具有创造性的步骤？首先，步骤 1 实际上是数学中常见的技巧，即"反证法"。反证法先假设与所论证的观点相反的情况是成立的，再表明这个假设会导致矛盾的结果。在数学史上，反证法的出现是具有创造性的。据称它是欧几里得最喜爱的工具之一。不妨想象他在构建这个证明过程时很自然地就从他的工具包中取出了这个工具。步骤 1 并不是这个证明过程中关键的创造性步骤。显然，步骤 2 也不是一个创造性步骤，它可以由步骤 1 直接得出。步骤 3 才是一个重要的创造性步骤。一旦欧几里得构思出创建数字 Q 的想法，他就可以顺势推衍出步骤 4 至步骤 8。

假设我们创建了一台能自动创造数学定理的计算机。我们会将欧几里得的证明过程中的两个"工具"上传。第 1 个工具是反证法，即先假设与所论证的观点相反的情况是成立的，再表明这会导致矛盾的结果。第 2 个工具取自欧几里得证明过程的步骤 3，即将已有的数字相乘并加 1，得到一个新的数字。

这台计算机会因此变得有创造力吗？我们来试试看它是否能得出另一条古希腊时代著名的数学定理，即由毕达哥拉斯学派证明的 2 的平方根是无理数。也就是说，2 的平方根不能用 a 和 b 均为整数的分数形式 a/b 来表示，比如 983/765。

这台计算机会理性地首先使用反证法，假设 2 的平方根可以用分数形式 a/b 来表示。它应该懂得算术法则且认为 a 和 b 没有公因数。

现在它需要找出矛盾的结果。它手上还有另一个工具，眼下可以拿出来应用了。它可以将 a 和 b 相乘并加 1。但这只是一条死胡同。事实上，为了找出毕达哥拉斯学派的证明过程，这台计算机需要一个新的工具，即分别求得数字 a 和 b 的平方。[1] 但这个工具在它的工具库里不存在。

这台计算机并不是毫无进展，反证法的应用是一个不错的开端。但这就如同在通往主要目标的征途上翻越了一座小小的山峰，然后就被困在原地，不知道接下来该往哪里走。

我们可以向计算机的内存里上传新的工具，这样它手上就有 3 个工具了。只需一点点额外的帮助，这台计算机或许就能证明 2 的平方根是一个无理数。但它能不能运用这些工具证明第 3 章提到的包括纳维 – 斯托克斯方程在内的千禧年大奖问题等其他定理？

当然，要想破解这类重大的数学问题中的任何一个，这台计算机还需要更多的数学工具。然而，这些有待解决的数学问题却引发了一个相当有趣的设想。也许人们总是需要新的工具才能证明重要的新定理，而内存中有限的工具库永远是不够用的。为了证明所有的数学定理，人们或许需要无穷多的工具。第 2 章中提到的哥德尔不完全性定理实际上所说的正是这个道理。如果这是对的，那么上述这台计算机可能很难发现一些真正有趣的数学新定理。

欧几里得是怎么想到创建数字 Q 的？他从没告诉我们。然而，另外一些数学家曾经讲述过他们是怎样遇到这些"顿悟时刻"的，并且从中获得了一些非常有趣的发现。

亨利·庞加莱曾如此描述他的顿悟时刻：

> 就在那时，我离开了我居住的卡昂市，去进行由一家矿业学校赞助的地质考察。旅途中的种种经历让我暂时抛开了数学领域的研究工作。在抵达位于法国西北部的库唐斯之后，我们乘坐公共马车去往其他地方。就在我踏上马车的步阶时，一个想法突然从我的脑海里冒出来。它与我之前的任何想法都没有关联，我想到我用来定

义富克斯函数的变换其实与非欧几里得几何的变换是一致的。我没有立即验证这个想法，因为我一坐进马车就开始继续刚才被中止的对话，没有时间去确认。不过，我觉得这个想法一定是正确的。回到卡昂市后，我利用闲暇之余对它进行了验证。[2]

使彭罗斯获得诺贝尔奖的时空奇点理论的灵感又是怎样出现的呢？[3] 彭罗斯当时正和一位同事一起步行去上班，两个人讨论得十分投入。在过马路时，他们暂时停止了讨论，以留意来往的车辆。等到走到马路对面，他们又恢复了谈话。在同事离开后，彭罗斯感到一种莫名的兴奋，却说不出它是怎么出现的。他回想了那一天的全部经历，甚至包括他在早餐时吃了些什么。最后，他终于想到就是在过马路的那一刻，他获得了如何以通用的方式描述极端引力坍缩的重要灵感。基于这一灵感，他写出了那篇发表于 1965 年的论文，并因此获得了诺贝尔奖。

本书第 2 章中提到的怀尔斯或许是世界上仍然健在的最著名的数学家。怀尔斯如此描述他所经历的创造性时刻：

> 特别是，当你遇到一个真正难以逾越的关口时，当你有一个极其渴望解决的棘手问题时，常规的数学思维模式就派不上用场了。在获得这一类创新灵感之前，你必须长期且极度专注于这一问题，不能有任何的分心。你必须完全沉浸在对这个问题的思考中，全神贯注地只想着它。然后，你停下来。在那之后，你似乎有一段放松的时期，你的潜意识浮现出来，新的洞见往往就出现在这种时刻。[4]

在数学和物理研究之外的领域，创造力也是以这种方式出现的。英国喜剧演员约翰·克利斯（John Cleese）也曾表达过关于艺术创造力的类似看法。

只有在你放松下来并任由你的潜意识四处漫游时，艺术创造力才会出现。[5]

上述案例皆说明关键的创造性洞见都发生在放松的一刻。虽然大多数人可能不够幸运，无法经历以上文字中提到的那些重要的创造性时刻，但我们，尤其是较年长的人，几乎都曾经历过完全忘记某人名字的时候。我们可以在脑海乃至现实中看到这个人的脸，甚至与之非常熟悉，但就是怎么努力也想不起他的名字。**通常，最好的办法就是先停下来，让思绪放松。**然后，这个人的名字就会突然神秘地冒了出来。

从现实世界的角度来看，这个过程到底是怎么回事？如果想创建真正具有创造力的人工智能系统，我们是否应该告诉人工智能程序暂停用全力解决某个问题，静候几分钟，就这样等待灵感的出现？

这听起来是个蠢主意，因为计算机从根本上说就是一系列开关的组合。1 + 1 或 24 × 37 等算术运算，其实可以用开关来表示，这即是以维多利亚时代的英国数学家乔治·布尔（George Boole）的名字命名的布尔逻辑。现代计算机能够以惊人的速度执行这一类开关操作。但是，"放松"和以较慢的速度进行开关操作显然不会令计算机变得有创造性。

那么，人脑又是如何计算 1 + 1 并得出 2 呢？由于这个算式太过简单，答案是如此根深蒂固，以至于我们对此会不假思索。所以，让我们尝试一个更难一些的算式：24 × 37 = ？这个问题该如何解答呢？

在我还没有上学时，我经常和父亲一起去附近的树林里散步。我们会沿着一条小路走到一处高地，在那里欣赏邻近的乡野风光。之后，我们会选择一条不同的路径下山，那条路虽然略微有些陡峭，但修了一些下山的台阶。这条路上的台阶总共大约 20 个。每次下山时，我和父亲会大声数数：一、

二、三、四……通过一次又一次的重复，我学会了计数，并把它们深深地记在了心里。

上小学之后，乘法表被灌输到我的大脑里。一段时间以后，我可以毫不费力地说出"四七二十八"的口诀。如果我的老师问我 4×7 等于多少，而一旦答错就要重复写 100 次数字 7 的乘法表，我不必在大脑中构建布尔开关式的生物路径，只要直接访问我的记忆，就能迅速回答出"四七二十八"。来自外部的问题"四乘七等于？"会自动触发我的几乎无意识的回应"二十八"。

读高中时，我学会了进行复杂乘法运算的原理。作为成年人，我很少使用这一工具，而且尽管它就存放在我的记忆中的某个地方，但我在取用它时不再像我七八岁时那么便利了。

因此，在必须计算 24 乘以 37 时，我根本不会采用布尔式逻辑。我只会设法从记忆中提取相关的计算方法：先找出进行复杂乘法运算的计算方法，然后找出"乘法表"式的计算方法。最后，为了存储中间步骤，我还需要用到一些"临时记忆"。显然，我现在的"临时记忆"明显不够用了。总的来说，人脑处理这一算式的过程与数字计算机截然不同。

人脑从记忆中检索数据时需要消耗能量。如果我的朋友在我们一起散步时坚持要我做这个乘法计算，我将不得不停下我们之间的谈话，放慢脚步，闭上眼睛，甚至可能还要用手捂住耳朵。我除了一心一意地计算这个问题，其他什么都不能做。我的这种表现很可能是为了将所有可用的能量集中于准确地执行所需的记忆数据传输。为此，我的大脑关闭了其他所有可能消耗能量的任务，将一切可用的能量集中到这个计算任务上。

当然，这是一种非常规的状态。在我的朋友要求我完成这一乘法计算之前，我可以愉快地处理多项任务，例如走路，不假思索地把一条腿移动到另一条腿的前方，畅聊最新发生的新闻事件，抬头欣赏天空中的云和树梢上的绿叶，倾听鸟儿的叫声以及规划午餐吃些什么。在这种状态下，传送到我的大脑中的能量被用于执行多项任务。

在畅销书《思考，快与慢》中，心理学家丹尼尔·卡尼曼（Daniel Kahneman）[①]认为人类大脑是以类似的二元模式运作的。[6]在走路、聊天、四处观察等大部分时间里，大脑是以他所谓的"系统 1"的模式在运作。系统 1 是一种相对快速、自动、不费力的运作方式。而当一个人闭上眼睛并专注于一项特定任务时，他的大脑就处于卡尼曼所说的系统 2 的状态，即一种缓慢得多、更耗费心神的运作模式。

事实上，人类大脑以二元模式运作的观念早在几年前就被认知科学家盖伊·克莱斯顿（Guy Claxton）在《兔子大脑，乌龟心智》（*Hare Brain, Tortoise Mind*）[7]一书中描述过。所谓"乌龟心智"，是指一种玩乐、随意和迷蒙的状态，在一定程度上类似于卡尼曼提到的系统 1；而"兔子大脑"则指一种涉及理性、逻辑和深度思考的思维方式，类似于卡尼曼的系统 2。如同上文一样，克拉克斯顿的著作的核心观点是，较为随意的"乌龟心智"虽然看上去漫不经心，但与更有逻辑的兔子大脑一样表现出强大的智能。

接下来，我想从能量的角度来介绍人类大脑的双模式运作。人类大脑每秒消耗大约 20 焦耳的能量，也就是说，它的功率与一个 20 瓦的电灯泡一样

[①] 诺贝尔经济学奖得主，美国总统自由勋章获得者。其著作《噪声》一书通过系统性研究，通过两个公式揭开了"判断出错"的本质，并且通过对三种噪声的系统性分析带你直击噪声。该书中文简体字版已由湛庐引进、浙江教育出版社出版。——编者注

大。运行天气预测模型的超级计算机的功率约为 20 兆瓦，比大脑的功率高出 6 个数量级。针对脑部血液流量的研究表明，不管大脑处于系统 1 还是系统 2 的状态，它所消耗的总能量并没有太大变化。然而，鉴于大脑处于系统 1 的状态时要处理多项任务，能量被分配给多项进行中的任务，因此每项任务所获得的能量非常低。而当大脑处于系统 2 的状态时，所有可用的能量都被集中用于单一任务，因此单项进行中的任务所获得的能量较高。我在下文中将把这两种模式分别称为低功率模式和高功率模式。

人类大脑中大约有 800 亿个神经元。如图 12-1 所示，信息可以通过神经元纤细的轴突以脉冲信号的方式传播。然而，轴突是如此之长，要不是那些沿着轴突分布的"蛋白质晶体管"每隔一段时期就会增强这些信号，它们早在到达轴突末端之前就会完全消失。

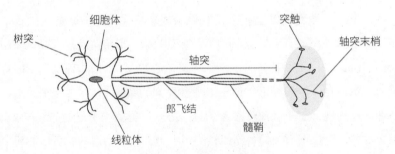

图 12-1　神经元结构

电子信号以"脉冲"的形式沿轴突传播。流过电压门控通道的离子流形成的"蛋白质晶体管"，对这些信号进行了放大。电压门控通道又被称为"郎飞结"。

"蛋白质晶体管"由轴突膜上的一些细小通道组成，通常情况下这些通道对轴突起到绝缘层的作用。由于沿轴突传播的信号的电压波动，带电的离子会沿通道流动。这些离子一般是外层电子被剥离的钠原子或钾原子。通过与沿轴突传播的信号相呼应，这些离子的流动可以放大信号。

我在第 3 章中曾经提到，在降低硅晶体管的电压之后，它们的运行开始变得不再可靠，开关过程容易受到热噪声的干扰。那么，当人类大脑处于低功率模式时，其能量是否也不足以确保"蛋白质晶体管"以充分确定的方式运行？

答案似乎是肯定的。有证据表明，直径小于大约 1 微米的轴突的确容易受到噪声的影响。[8] 考虑到人类大脑中轴突直径的中位数约为 0.5 微米[9]，当大脑处于多任务处理的低功率模式下时，20 瓦的有效功率被分配给 800 亿个神经元，因此，任何一个活跃神经元的运行都很容易受到噪声干扰。

人类大脑中的微小的神经元既有优点，也有缺点。它的缺点之一是随着轴突直径的减小，电子信号在轴突上的传播速度会变慢。如果人类只能通过超快的反应来逃避捕食者，那么轴突直径的减小无疑意味着进化的失败。但是，如果人类可以借助社群来抵御捕食者，那么由于将更多神经元填入一个既定空间而造成的处理能力的提升或许可以弥补反应时间变长的缺陷。

假如快速反应时间的重要性不是第一位的，神经元因小型化而产生的对噪声敏感的特性是不是一种进化带来的优势？回顾第 3 章，我们曾推论出噪声有时是有益的。现在，让我们看一看这一结论是否也适用于大脑的工作方式。

先来看看随机舍入的过程，这个过程利用了噪声来截断由多个数位构成的信号。如图 3-4 所示，如果对人眼接收到的原始视觉数据进行随机舍入，而且被截断的数据是通过神经元被传输到负责认知的脑区，那么我们就应该能够感知到所有的灰度，即使大脑只接收到 1 个数位的黑白信息。

模拟退火算法与人类寻找解决方案的方式颇为相似。人类通常会首先选择使用那些过去有效且众所周知的工具，例如反证法。我们会因此取得一些进展，但随后就会陷入僵局。我们努力在大脑中搜寻新的想法，希望借此走出困境。如果我们搜寻出的想法可以推动进步，那我们就接受它们。在初期，如果回到原点有助于找到更好的解决方案，我们随时都可以这么做。在这样的初期阶段，人们愿意接受任何已有观念，不管它们有多么疯狂。然而，一旦我们取得了显著进展并且认为自己已经接近最终解决方案时，我们就会更加挑剔地对待这一时期出现的想法，只愿意对那些真正有实现前景的想法做出分析。让人惊叹的是，模拟退火算法也能准确地解释通过自然选择完成的进化过程。

为了产生随机的新想法，人类大脑必须对噪声敏感，而且这一模式似乎只有在大脑处于低功率模式时才可行。这就解释了为什么顿悟时刻只出现在我们放松的时刻，而不会出现在我们集中精力思考问题的时刻。**只有在这种放松的模式下，噪声的存在才能够帮助我们跳出认知的僵局，推动我们的认知。**

当大脑以高功率模式运行时，其他脑区被禁用，以保证将 20 瓦的功率尽量集中，而活跃的神经元似乎才有足够的能量来完成确定性的运转。人们这时就可以检验由低功率模式下的大脑提供的那些疯狂想法是否真的有效。

理论物理学家迈克尔·贝里（Michael Berry）给这些不知从何而来的创意起了个名字——顿悟粒子（claritons），即创造力中神秘的、有如粒子一般的单元。顿悟粒子似乎是人类大脑在低功率模式下的产物。但贝里强调，灵光一现的顿悟粒子往往会在我们冷静下来时被反顿悟粒子消除掉。反顿悟粒子似乎是高功率的思维模式的产物，在我们想要利用逻辑思维考察那些突如其来的想法时被触发。值得庆幸的是，人类有足够的能力去审视从其脑海里涌现出来的奇思妙想。

如果这些观点是正确的，那么我们称之为创造的过程，显然有别于归纳推理。[10] 它其实是低功率模式和高功率模式二者的整合，换句话说，它源自随机性与确定性之间的紧密互动。低功率模式因易受噪声干扰而产生许多时而奇异、时而有用的想法，高功率模式则负责有条不紊地筛选它们，淘汰其中过于怪异的想法，而保留那些经得起推敲的灵感。如同模拟退火算法一样，当距离最终解决方案愈近时，我们就会用愈加挑剔的态度对待那些我们打算继续观察的奇思怪想。

在《皇帝新脑》（The Emperor's New Mind）[11] 一书中，彭罗斯提到一个著名的问题，人类为什么能够理解本书第 2 章中介绍过的、20 世纪最著名的哥德尔不完全性定理？该定理认为数学系统中总是存在一些不可证明的真命题。彭罗斯指出，如果人类的大脑是通过算法工作的，我们就无法理解为什么会存在不能通过算法证明的数学真理。人类之所以能理解这一定理，或许是因为算法无法描述的随机噪声其实是认知的必要元素。当然，你可能会争辩说，在第 11 章中，我曾指出即使量子噪声这种最基本的噪声类型也不具有真正的随机性，而是与由宇宙不变集假设所描述的某种混沌决定论有关。然而，正如第 2 章所讨论的，分形不变集本身在算法上是不可判定的。因此，如果人类大脑容易受到这种最基本类型的噪声的影响，那么它的确无法完全用算法来解释。

我不是第一个以这种方式强调随机性的重要地位的人。图灵曾在其影响深远的论文《模仿游戏》（The Imitation Game）[12] 中谈道："在学习型机器中加入随机因素是一种明智之举。"他还另外引用了一个简单的例子，以证明可以借助噪声有效地找出问题的解决方案。

基于上述内容，这里值得指出的是：如果晶体管小型化持续下去，量子隧穿效应可能会让它们作为开关的可靠性大打折扣。但如果我们认为噪声对于创造力来说是必不可少的，那么将一部分晶体管引入这个充满噪声的量子领域，同时下调它们的电压，这对于创建一台能够发现数学新定理等的人工智能系统来说可能是关键性的一步。

未来的人工智能设备或许将包含两种类型的芯片：一种是执行确定性计算的传统高功率芯片，毕竟我们都不希望因为计算机弄错了银行账号的最后一位数字而把钱转入错误的账户；另一种则是执行随机计算的新型低功率噪声芯片。两类芯片以及它们与内存之间的数据传输，将会根据之前讨论过的随机舍入方法以低数值精度的方式进行。

过度分析会让我们陷入决策瘫痪

现在，我们来看看人类大脑这一含有噪声的、高效的生物器官会产生怎样的一些影响。

据一些研究来看，人类每天要做出大约 35 000 次决策。其中大多数决策并不重要，比如今晚到底是看电视还是读书。它们几乎不用耗费什么精力。但有一些决策是十分重要的，需要我们仔细思考才能做出决定。

如果粗略地把所有决策分为重要和不重要这两大类，那么大多数人在做决策时可能会遵循以下这个简单的策略：利用低功率模式处理生活中众多不重要的决策，而利用分析性的高功率模式做出少数较困难的决策。人们在走路时显然不会去权衡先迈左脚还是先迈右脚。而在面对使人挣扎、痛苦的决策时，人们则会尽可能仔细地考虑每一处利弊。大脑的高功率模式在处理这类困难的决策时会全力以赴。

这种分别由低功率和高功率模式来做不同决策的做法，有效地利用了大脑中可供使用的能量。人类因此能够每天相当高效地处理成千上万项决策。也就是说，大脑默认的决策模式是低功率模式。尽管这种策略未免有"懒散"之嫌，但是如果人类一直用高功率模式处理每一项决策，那么在上床入睡前我们恐怕最多只能处理 50 项决策。默认用低功率模式来处理大多数决策显然是一个明智的策略。

这种默认策略会带来一些后果，其中之一是人类因此看起来似乎是非理性的，尽管我对此持有异议。以下这个例子通常被用来证明人类的非理性：球拍和球套装的价格为 1.10 美元。已知球拍比球贵 1 美元，那么球的价格是多少？大多数人会凭直觉回答说 10 美分。但这个答案并不正确。如果球的价格是 10 美分，那么球拍的价格就应该是 1.10 美元，套装的价格就是 1.20 美元。因此，正确答案其实是 5 美分。

卡尼曼在《思考，快与慢》一书中提及，超过半数来自哈佛大学、麻省理工学院和普林斯顿大学等高校的学生都给出了 10 美分这个错误答案。这一现象令卡尼曼感到十分震惊，它似乎表明人类并不像他们自认为的那样理性。但是，我认为这个结论是错误的。实验中的学生是美国最优秀的学生，是通过高难度的考试和面试层层选拔出的。因此，这一现象背后一定存在着某种更深层次的原因。

一些评论家认为这个例子太过随意，无法据此推导出有意义的结论。我不同意他们的看法。我相信问题的关键在于要从能量的角度来考虑问题。当每秒钟大脑所能获得的能量只有 20 瓦时，要分配多少能量来制定一项决策或回答一个问题当然非常重要。

想象一下，如果我在街上遇到你并且向你提出球拍和球的价格的问题，你愿意花费多少能量来回答它呢？如果你是一名正赶往考场的学生，你可能根本不想在这上面花费任何一点能量。毕竟，你一定不希望在考试开始前就让自己的大脑陷入疲惫状态。在这种情况下，最理性的方案就是不回答，并礼貌地向对方说明自己正在赶时间。

但是，假如你的教授也在课堂上向你提出了这个问题，这时你可能觉得要为此花费一点点能量。然而，如果你的教授指出答案可以匿名提交且你不会因为回答正确而获得学分，那么你可能又觉得没必要为此耗费心力了，特别是当你还有其他可以获得学分的作业要完成时。当你不想认真思考时，你很可能会给出 10 美分的答案。如果你决定只花很少的能量来回答这个问题，10 美分就是一个理性的答案。换句话说，给出错误的答案在某些情况下是完全理性的。

相反，如果答案正确与否对你来说非常重要，比如球拍和球的价格是你正在参加的考试中的一个问题，那么调动所有能量以尽可能地给出正确答案的做法才是理性的。你会选择在高功率模式下仔细地分析这个问题并给出球价格为 5 美分的正确答案。

但是，最大化能效的策略存在这样一个问题，即它可能导致我们在处理那些恰好处于重要与不重要的边界上的问题时倾向于使用低功率模式。我们最后可能会为一些轻率的决定感到后悔，怪自己当初没有给予它们足够的关注。我可以从自己的生活经验中找出许多这样的例子。

那么，要如何解决这一问题呢？我认为关键是要意识到，对大多数人来说，大脑倾向于系统性低估那些介于重要与不重要之间的决策，将它们交由低功率模式来处理。当意识到我们的这一特性之后，我们就会更加留意那些可能出现的微弱的警铃声，而不是不加思索地忽略它们。然后，我们可以启用高功率模式来更投入地处理这个问题。本质上，我们需要更多地协同利用低功率和高功率模式，正是这种协同使得人类成为一个富有智慧和创造性的物种。

换一个视角来看，有一些决策显然非常重要，于是我们知道必须运用高功率的分析模式来处理它们。这时，我们可能会遇到另一个问题。过度的分析会让我们无法做出决策，像布里丹之驴一样不知该选择干草还是水。我在即将结束博士学习时一度不知是否应该转换研究领域，当时我所面临的正是这种困境。

前文提到的杰出科学家所经历的顿悟时刻或许可以为我们提供一些经验。导向突破性成果的那些创新设想源于两种模式之间的微妙互动。**高功率模式将创造性过程推进到一定高度，而至关重要的顿悟时刻实际上出现在低功率模式下，它的出现是因为人类大脑对于噪声非常敏感。**

由这些经验可知，我们在做出重要且有一定难度的决策时应该首先列出相关的利弊，并用几天的时间进行深入的思考。实际上，我们很有必要构建一个将不同利弊及后果包含在内的集合，但是不一定要从该集合推导出相应的概率。根据每一次集合预测构建出"故事主线"本身也是非常重要的一步。事实上，气候科学在概率难以计算的情况下正越来越将集合预测视为可信的"故事主线"。[13]

接下来，我们要做的就是尽可能地回归日常生活。正如顿悟时刻的发生那样，我们希望在放松时直觉可以告诉我们什么才是正确的决策。其背后的原理仍然是我们要在大脑的低功率模式下建设性地利用噪声，从而获得在分析式和确定性的高功率模式下未能获得的新鲜视角。

应用两类认知系统的顺序是至关重要的。如果我们首先启用低功率模式并凭借直觉得出了一个初步的结论，这个结论可能会影响和扭曲我们在高功率模式下进行的分析性思考。我们在这种情况下容易出现"证实偏差"，只看到那些能够支持我们直觉的证据，而忽视其他信息。这时，高功率模式就无法再对信息做出冷静及客观的分析。因此，我们应该将这个顺序颠倒过来，首先用高功率模式尽可能地推进，然后应用低功率模式。这才是催生伟大的顿悟时刻的方法。

举例来说，有些人从直觉出发认为气候变化是一些"觉醒的环保主义者"的事，它对人类的重要性被过分夸大了，因此他们会去搜寻持反对立场的网站和信息。反过来，另一些人从直觉出发认为人类造成的碳排放已经污染整个星球，并且正在酝酿不可避免的恶果，因此他们就只会浏览专门警示人们此类恶果的网站。这就是我认为政府间气候变化专门委员会给出的评估报告或许是气候科学领域最客观的信息来源的原因，尽管它们并不是那么容易理解。该委员会中与我合作过的科学家们通常没有政治目的，只是希望尽可能准确和通俗地呈现他们的科学成果。

无论做出相对重要还是不重要的决策，如果说存在一个不可违背的原则，那就是我们都应该意识到，人类拥有协同运用大脑的低功率随机模式和高功率决定性模式的非凡能力。如果没有大脑的这些模式，人类就不可能进化为一个具有丰富创造性和想象力的物种。

THE PRIMACY OF DOUBT

第 13 章

——

我们拥有
自由意志与意识吗

大脑是一个高能效的生物器官。我们不妨将这个观点再向前推进一步。除噪声之外，大脑的高能效性还为它带来了哪些物理特性？

我们回头看一下信号沿着神经元细长的轴突传播的过程。上一章提到，这些信号在从轴突的一端传播至另一端时，要被"蛋白质晶体管"增强。这些晶体管的能量源自轴突膜壁中的离子的流动。

奥地利萨尔茨堡大学的科学家们认为，如果只以经典物理学来解释离子移动的物理过程，大脑获得的能量显然不足以支持这些离子的流速。[1] 因此，他们设想存在一种用更少的能量就能完成这项工作的量子过程。该设想认为离子是扩展的量子波函数，而不是一个微小的粒子。波函数的前端可以以特定方式操纵离子通道中的电位，从而使波函数的其他部分能够高效且无障碍地实现传播。这个过程的时间跨度非常短，完全符合人类大脑中迅捷的量子退相干的时间跨度。

如果这一观点是正确的，我们就不能简单地将大脑视为一台传统的经典计算机。事实上，它更接近于一种有噪声的经典型与量子型相混合的计算

机。这在现实中意味着什么呢？量子计算机的一大特点是它在运行某些类型
的计算时比经典的计算机快得多。这种所谓的量子优势在一些神秘且实用性
不高的计算类型上已经得到验证。[2] 我在第 11 章中简要介绍过不变集理论对
这种超速计算的解释。如果量子物理定律所描述的是不变集的几何形状，那
么由其几何定律驱动的量子计算机就可以获得不变集上各个邻近轨迹的信
息。相比之下，经典计算机只能获得符合经典物理世界的单个状态空间轨迹
上的信息。

考虑到人类不具备量子计算机那样强大的计算能力，我们的大脑显然不
能被视作纯粹的量子计算机。然而，人类仍然拥有某种"第六感"，即一种
微弱地感知到不变集上的各个邻近轨迹的附加的能力。这或许能够解释我们
的大脑与经典计算机之间的差异。虽然它只是一个猜想，但我们不妨暂且沿
着这个思路走下去，看看它会将我们引向何方，比如人类的"第六感"可能
会以何种方式显现？

我并不是第一位提出将量子物理学应用于人类大脑的学者。彭罗斯
和美国亚利桑那大学意识研究中心主任教授斯图尔特·哈梅洛夫（Stuart
hameroff）[3] 曾提出神经元内的微管可以实现量子感知的理论假设。他们的观
点也许是对的，尽管我在该领域的专业知识不足以给出明确的评论。总而
言之，我不认为我之前的论述与彭罗斯和哈梅洛夫的基本假设有任何矛盾
之处。我反倒认为我所提出的观点都是在他们的理论假设的基础上发展而
来的。

自由意志从何而来

长久以来，自由意志一直是哲学家们相互争论的焦点。12 世纪波斯诗

人鲁米（Rūmī）曾写道："在人类从死亡中复活之前，必然论者和自由意志论者之间的辩论将一直持续下去。"[4] 其中的"必然论者"就是决定论者，也即像我一样坚信物理定律在形式上必然是确定的人。

几个世纪以来，有关自由意志的辩论始终围绕着决定论是否可与自由意志相容。相容论者认为，如果自由意志的定义是没有任何限制能阻止一个人按照自己的意愿行动，那么自由意志是可以与决定论相容的。从这个视角来看，关于自由意志并没有什么可争论的。对于某些决策来说，比如何时度假、开什么车、买哪里的住房，我并不能自由选择，我的所有选择都受到财务状况的限制。我也不可能打破物理定律，我无法像鸟一样挥动手臂飞离令人不愉快的场景。另外，我却可以凭借自己的自由意志选择在周日早上打高尔夫球，这并非出于任何限制。

不相容论者则认为自由意志不能以这种方式来解释。对他们来说，自由意志在某种程度上意味着"可以有其他选择"的能力。这种能力显然与决定论不相容，因为它似乎表明世界在某种既定状态下可以以多种方式向前发展——我既可以按照我事实上做过的方式行动，也可以以另外一种或很多种方式来行动。

从根本上说，我不喜欢不确定性，尽管如前所述，噪声在现实的层面对于模拟复杂系统而言十分必要。但这一点不能证明不确定论就是错误的。事实上，不相容论者提出的一个重要论据曾让我对决定论的正确性产生了疑问。不相容论者认为，决定论否定了人类作为道德主体的观点。美国哲学家彼得·范·因瓦根（Peter van Inwagen）曾如此解释不相容论者的看法："如果决定论为真，那么自由意志就是虚假的，我们的行为就是自然法则和久远事件的结果。我们既无法控制我们出生之前就已发生的事情，更无力左右自然的法则。因此，所有这一切（包括我们自己的行为）的后果同样不在我们的控制之下。"[5]

试想有一位正等待宣判的谋杀犯。法官问他在宣判前是否有最后的陈词。这时，这位罪犯说："我犯下这个罪行，只因我没有其他选择。早在宇宙大爆炸时，我就注定了将要犯罪。"法官可以据此释放他吗？

这就是问题所在。如果希特勒的种族屠杀罪行自宇宙初现时就已预定，我们是否可以赦免他的反人类罪行？支持相容论的美国哲学家丹尼尔·丹尼特（Daniel Dennett）[①]认为，我们不能因为认为一个人除此之外别无选择就免除他的罪责或荣誉。[6]丹尼特引用了新教改革发起人马丁·路德的名言，"我别无选择，这是我的立场"。在丹尼特看来，路德愿意为了行使他的自由意志而承担全部责任，无论人们如何来定义自由意志。

然而，尽管我与丹尼特同为相容论者，但我不能像丹尼特那样将从道德层面抵制问题的论证简单地搁置。关于这个问题，已有大量我无法予以公正评判的文献。在此，我只想基于混沌几何学的原理为相关的讨论贡献一些新的想法。

实际上，我想强调的是一个在自由意志的讨论中不常被提及但我认为很重要的问题。为什么人类可以如此强烈和发自内心地觉得他们其实可以有不同的选择？每个周日早上在打高尔夫球时，我都会体验到这种感觉。我总是一边开车回家，一边对我当天的表现感到失望。我会自怨自艾地想，"要是在第 6 洞没有急于挥杆，我就不会把球打出界"。然而，作为一名毫无避讳

---

① 世界知名哲学家、认知科学家，美国艺术与科学院院士。其著作《直觉泵和其他思考工具》《丹尼尔·丹尼特讲心智》《从细菌到巴赫再回来》中文简体字版已由湛庐引进，分别由浙江教育出版社、天津科学技术出版社、中国纺织出版社有限公司出版。——编者注

的决定论者，我本应该有另外一种表现，即在第 6 洞没有急于挥杆这一想法毫无意义。我的大脑的高功率模式所擅长的那种小心求证的思考模式似乎在对我说，"你不可能做出另外一种选择"，而大脑的低功率的直觉思考模式却对我说："不，你当然能！"所以，这到底是怎么一回事？计算机一定不会有这些感受。那么，人类为什么会有呢？

不确定论无法回答这个问题。如果我的所作所为受到了物理定律中的随机性的驱使，这一动力却并不能解释我内心认为自己可以有其他选择的强烈冲动。看上去，这个问题已经超越了决定论与不确定论之争的范畴。

我们可以对此给出一个简单的解释。人类拥有对过去事件的回忆，在以往类似的情境下我们或许曾经有过不同的选择记忆——比如说那一次并没有急于挥杆。可以有其他选择的感觉是否仅仅是对之前类似情境下的记忆的反映？虽然这种解释是说得通的，但我对它持有保留态度。更重要的是，我不认为它能够说服那些坚信自己可以有其他选择的非决定论者。我认为这种简单的解释不能反映自由意志的深层本质。

我们也可以从另一种视角来看待这个问题。设想人类的认知如第 11 章所述受到量子物理学的阴和阳的影响。具体地说，人类对不变集上邻近的反事实世界有一定的认知，即图 11-2（a）中那些与对应着当前现实的绳股相邻的其他分股。[7] 这些相邻轨迹对应着与我们的现实选择不同的其他选择所在的世界。人类大脑将对这些邻近世界的弱感知解释为具有行使其他选择的能力。我认为人类大脑的高能效意味着其内部有量子物理的过程在发生，因此它具有对这些邻近世界的弱感知，而这种弱感知又赋予我们一种深层感受，即我们本可以有其他选择，尽管在现实中发生的选择不可改变。经典计算机当然不会有这种感受，但我认为，量子计算机在每一次进行非经典运算时都会深刻地体验到这一点。

由此，我们可以得出一个推论。人类对这些邻近世界的感知相当微弱，以至于无法区分位于不变集上的相邻轨迹以及不变集的分形间隙中的假想轨迹。如果这个推论是正确的，人类的大脑没有考量是否满足不变集假设这一条件，直接将"我本可以有其他选择"的感受应用于所有反事实世界。根据第 11 章所述，在量子世界的背景下，反事实论证有时可能是有缺陷的。不过，人类的第六感可能还不够敏锐，不足以区分不变集之上及之外的邻近轨迹。在我看来，这正是量子物理学有时从直觉的角度很难理解的原因。因此，我们应该非常谨慎地对待反事实因果论，即在一定程度上允许不受限地使用反事实论证的物理世界模型。[8] 它们虽然看似有道理，但这可能只是一个假象，特别是当它们对量子物理学给出解释时。

让我们回头再看那个如何在决定论的背景下解释人类的道德感悖论。我们仍以那位被控谋杀的罪犯为例。他刚刚对法官辩称，他没有其他选择，因为他的行为早在宇宙大爆炸时期就已经被决定了。

然而，假设法官刚刚读过我的这本书，并做出了如下的回应："恐怕发生在宇宙大爆炸时期的事件不能成为你的托词。你的行为是由宇宙不变集的几何结构决定的。"

正如法官所预料的那样，罪犯立即回应说："那好，即使宇宙初始条件没有让我这么做，但不变集还是替我做了决定。我不在乎，总之我是无法选择的。"

现在，法官可以给出致命一击："这二者可不一样！你是不变集的一部分。你的行为不仅受到不变几何结构的影响，也在塑造着这个不变集的几何结构。也就是说，无论决定论是否成立，你都要为你的所作所为承担道德责任！"

罪犯惊呆了。他应该怎样理解法官的这一番话呢？

以下所做的解读非常重要。在本书的第 1 章至第 3 章，从经典物理学的角度，我们认为初始条件完全不同于动力学定律，相对于宇宙的其他状态，大爆炸时期的初始条件被认为是决定宇宙如何演变的最基本条件，它们与动力学定律共同决定了宇宙的演变路径。这就是因瓦根提及"久远的事件"的原因。

然而，在不变集理论中，初始条件和动力学定律不是相互独立的，二者都服从于分形不变集的几何结构。由此可知，大爆炸时期的初始条件并不比不变集上的其他状态更重要。因此，不变集是永恒的。这意味着不变集上任何一个对应于某一特定时间的宇宙状态的点都不比其他点更加重要。

美国物理学家约翰·阿奇博尔德·惠勒（John Archibald Wheeler）曾经就爱因斯坦的广义相对论给出一个精辟的总结。他说："时空（的几何形状）决定物质如何运动，而物质决定时空如何弯曲。"我希望借用他的方式来描述不变集假设，即不变集的几何结构决定物质如何随时间演变，同时物质则决定不变集如何形塑其自身。由于人类是不变集上随时间演变的物质的一部分，而且人类随时间的演变在一定程度上描述了其行为，因此，我们可以用一种自我指涉的方式来表达，不变集的几何结构决定了我们的行为，而我们的行为又反过来决定了不变集的几何结构。

法官提到的"相互决定"所指的正是这一点。虽然"不变集替我做了决定"的观点是正确的，但同时它又是不完整的，余下的那一部分指出人们的行为也决定着不变集的几何结构。听起来，我们似乎放弃了决定论，但实际上，被放弃的只是人类像自动运算的机器那样行动的观念。通过第 2 章的讨论，我们还可以得知分形不变集无法借助算法求解。因此，任何以计算方式模仿人类行为的尝试必然具有随机性。从这个意义上讲，人类绝不是没有意识的机器，道德感是我们与生俱来的一种品质。彭罗斯主张有意识的心智不同于算法，他的观点与此处的结论不谋而合。

人类为什么不能因决定论而免除道德上的责任，以上的文字或许可称得上是一个合理的解释。

意识从何而来

如同自由意志一样，意识的定义也是一个令人困惑的话题。而且，相关文献的数量也非常庞大，要想给予恰当的评价，我至少需要花费一本书的笔墨。近年来，一个基于所谓"综合信息理论"的意识理论[9]得以建立。它的核心思想是一个系统拥有的综合信息越多，它就越接近一个有意识的载体。与自由意志的讨论相似，我无意挑战这些成熟的理论，而是仅从混沌几何学的角度提出一些新的观点。

我将集中讨论意识问题的两个层面。首先，混沌几何学是否有助于为意识建立一个客观的定义。其次，如何从原则上理解意识这一类的存在是怎样从一堆无生命的基本粒子中涌现出来的。对许多人而言，莫扎特、莎士比亚和爱因斯坦的作品竟然源自这样的粒子集合，这似乎是无法解释的。按照柏拉图和笛卡尔的理论，世界应该被划分为物质世界和精神世界。作为一名物理学家，我很难接受这种观点，因为它意味着世界中极为重要的一个部分是无法通过科学方法来研究的。它或许揭示了世界运转的真相，但我目前还不打算放弃通过科学解释这些问题的努力。尽管如此，我也完全能够理解为什么具有意识的创造性生物源自基本粒子的想法听上去是如此不可理喻。正如我的一位科学界的同行所说，难道大脑中的电子和质子能够理解莫扎特是比门德尔松更胜一筹的作曲家吗？或者按照我的喜好，难道它们会知道披头士是比滚石更伟大的乐队吗？

如果说对意识源自基本粒子的怀疑让人们开始思考科学方法的适用领域的话，那么对作为当代科学的信条之一"越微观，越本质"的还原论的怀疑，则更能凸显人们的这种思考。在第 11 章中，我指出还原论这一方法由于试图理解基本粒子的本质而使科学界陷入了困境。我认为，要理解这些粒子，科学界必须将宇宙在最大空间和时间尺度上的结构视为同样基本的存在。这正是不变集假设所提出的一条最重要的信息。

这种自上而下的论证是否也可以被用于解释意识之谜？我们不妨将它说得具体一些。与其追问"什么是意识"，不如先弄清楚"对一个具体的物体有意识是怎么回事？"

如果将目光从计算机屏幕上移开，我首先会看到一个白色花盆里的仙人掌，它是我的儿子送给我和我妻子的结婚纪念日礼物。这盆植物被放在我桌子后方的窗台上。窗台上还放着一台小时钟，它与花盆的距离不是很远。

当我全神贯注地看着计算机屏幕，构思着我的书稿时，尽管仙人掌或时钟就在我的视野范围内，但我根本意识不到它们。即使来自太阳的光子在被仙人掌反射后进入我的大脑，我仍然意识不到它的存在。就我的大脑所建构的世界模型而言，当我把注意力集中在屏幕上时，世界由屏幕和一组无差别的其他物体构成。在这个模型里，仙人掌和时钟不是彼此独立的存在，而且也无法脱离其周边的世界而独立存在。

但是，当我停止写作，直视前方，想要寻求一丝灵感时，我可能会意识到仙人掌的存在。我建构出的世界模型里现在包含着一棵仙人掌，或许还有一台时钟以及周遭的世界。

这是怎么一回事？在我看来，只有在我意识到仙人掌和时钟之后，我才把它们当作独立于彼此以及宇宙中其他物体的存在。但我的反应又该如何解释？我们不妨参照前文，将仙人掌和时钟看作"仙人掌与时钟状态空间"中的两个对象。如果我们认为仙人掌是独立于时钟的存在，那么，至少在原则上，仙人掌在"仙人掌与时钟状态空间"中的位置可以独立于时钟而改变。当偶尔清理书房的窗台时，我在移动仙人掌时会改变它与时钟之间的距离。我之所以认为仙人掌是独立于时钟的存在，也许是因为我保留着在擦窗台时曾相对于时钟移动过仙人掌的记忆。

我们还可以给出另一种解释。人类的第六感，那赋予我们有关自由意志的深层感受的能力，或许也可以解释仙人掌的独立存在。我已经指出人类对自由意志的深层感受源自对不变集上邻近轨迹的感知，这些轨迹与我们参与其中的这条轨迹非常接近。在这些邻近的轨迹上，我确实可以"有其他选择"。同理，在不变集的邻近轨迹上，仙人掌与时钟之间的距离也确实可能会产生变化。也许邻近轨迹上二者的相对距离的差异非常微小，但它足以让我感觉到仙人掌和时钟是独立的物体，无论二者是相对于彼此，还是相对于更广大的外部世界。这再次展现出不变集上现实轨迹与反事实轨迹中在量子层面的阴与阳的关系。

我不由得联想到智能手机的相机功能，它可以在拍摄照片前录下不到 1 秒钟的短片。每当使用者翻看照片时，他首先会看到之前的短片。尽管短片的持续时间不足一秒，但因此静态照片中的物品仿佛具有了生命。这是一种照片本身不能提供的增强现实。

简言之，我认为对一个物体有意识，意味着认识到它是一个独立于世界其他部分的存在。我愿意推测这种意识本身是以下两种观点的结果：一是从能效的角度考量，量子物理确实对认知起到了一定作用；二是量子物理定律极为深刻地描述了宇宙不变集的几何结构。意识为人类提供了单凭记忆无法获得的、深层次的增强现实感。

基于上述内容，我们再来反思人类和人工智能到底有何不同。在上一章中，我们认识到大脑中的"噪声"是其关键部分之一。但噪声足以解释二者的全部差异吗？意识是否如彭罗斯所说是理解的必要组成部分？我不能确定，但如果确如彭罗斯所说，那么开发具有创造力的人工智能系统就不但需要前一章讨论的高功率和低功率经典计算之间的协同作用，还需要量子计算和经典计算紧密结合。

如果真是这样，那么人类离创造出真正具备智能的机器还有很长的路要走。机器彻底掌控世界的"奇点"，可能不会像某些评论家预测的那样在几年之后就会出现，而是需要再等待几十年甚至几个世纪。人类具有创造力的大脑在相当长的时间里仍不会失去它的竞争力。

上帝的多面性

最后，我想探讨一个科学论文中通常避而不谈的话题，将本书中有关不确定性和混沌几何学的理论与灵性和宗教结合起来。

如果物理定律意味着众多没有情感的数学方程以及宇宙是如此广袤且非特异化，那么，不难理解大多数人会认为人类不仅仅是一堆无生命原子的集合。如果有人能证明人类只是薛定谔方程的一个突现特性，那么人们或许不得不承认，灵性的出现仅仅是为了应对生活中的挑战，它并不是藏在薛定谔方程背后的更深层的意义，但科学从未能给出这样的证明。

由灵性可以引申出怀有爱的上帝——一位至高无上却又关爱世人的创造者。许多人之所以信仰上帝，是为了获得生命的意义。如果我们每个人只是一次平均寿命为 70 年的随机热力学波动，那我们的生活还有什么意义可言？根据当前包含恒定的暗能量的宇宙学模型，人类对于宇宙来说只是其初期一个转瞬即逝的存在，随后宇宙仍将陷入无尽的死寂。大自然孕育的所有奇迹以及爱因斯坦、莎士比亚和贝多芬的伟大作品，与宇宙终将进入的静默荒凉的状态相比，都算不上什么。作为一名客观的科学家，我或许应该接受这个现实，但这是一个极其令人沮丧的前景。如果人类确信宇宙最终会走向那种状态，那我们所做的一切还有什么意义？人们为什么还要生育后代，那不就是在延长痛苦吗？我为什么还要写这本书，还不如随便做点什么以打发时间？因此，难怪许多人要为人生寻找一个更有意义的理由。

上帝以及我们死后将像其一样永生的观念多少可以带给人们一些安慰，尽管永远生活在至乐之中的描述一旦听久了就会让人感到厌倦。高尔夫球赛的规则也会用某些限制来防止游戏变得乏味。如果撇开这些细节，来世的概念对人们特别有吸引力，因为它使我们有机会与那些曾经深爱但早已离世的亲朋好友相聚。

科学家可能会嘲笑这些观点的一厢情愿或者其中不合情理的拟人化，比如将上帝描绘成一位有着白胡子的睿智老人。然而，我们面对的现实却是，物理世界的本质包含大量深刻的不确定性。本书谈到了其中的一些不确定性。如果科学理论为这些深刻的不确定性所充斥，科学家们又如何能够一概否定有关宗教和灵性的观点呢？

在科学领域，科学家们坚持用证据说话，并在证据出现偏离时对科学进行修正；而在宗教领域，教众被要求在没有充足证据的情况下坚持信仰。从这个角度来看，科学与宗教似乎是不能相容的。然而，世事通常并非如此简单。科学家与教众同样在追寻生活的意义。人类是不是只是一次注定走向无差别的热寂的宇宙中毫无意义的随机波动？我们的存在是否有着更深层的目的？究根结底，人类作为一个整体在宇宙的进化史上是否扮演着某种重要的角色？科学无法回答这些问题，人们只好在其他地方寻找答案。混沌几何学也许能为解答这些问题提供新的洞见，并且在这个过程中弥合科学、灵性和宗教之间的裂痕。

举例来说，宇宙不变集的模型确实包含来世的概念。我们每个人都能和所爱之人在状态空间中与当下轨迹邻近，但不完全相同的轨迹上的未来的宇宙时代重逢。我们将有机会避免犯同样的错误。相应地，我们也有可能会搞砸在这一次生命中取得的一些成功。下一次的生命体验也许更好，也许更糟，谁又能说得准呢？这一切听起来都很刺激，让人充满期待。在一定程度上，这似乎比一个只有至乐体验的未来有趣得多。每一个宇宙时代都对应着这样的一个来世，因为宇宙不变集中轨迹的数量是无穷无尽的。

事实上，作为一个自童年起就放弃了宗教信仰的人，我更倾向于在形而上学的世界里用宇宙不变集替代我早年所信仰的上帝。[10] 不变集中的每一个点不但综合着现在、过去与未来，更包含过去、现在与未来的一切可能性。它是一个全知全能的结构，知晓哪些宇宙状态是现实的存在，哪些则不是，而人类则因受限于算法可判定性而无法认识到这一点。再者，不变集完全超越了时间的束缚，作为一个实体，它实际上是永恒的。[11] 那么，不变集能听得到我们的祈祷吗？人们的希望、热情乃至祈祷其实是本章前半部分所讨论的自我指涉过程的一部分。这个过程使人类产生了道德感，因此从某种意义上说，不变集也会受到我们的影响。也就是说，这个问题的答案是肯定的。

图 2-3 中的洛伦茨吸引子看起来像一只振翅欲飞的蝴蝶。这是一个非常有趣的巧合，因为洛伦茨正是通过研究该吸引子而发现了蝴蝶效应。宇宙不变集的全局分形几何结构是我未能完成的工作，而且事实上由于不变集不能由算法解出，因此它也是一份无法精确达成的工作，但是假如科学界最终能够构建出这样一个结构，它会是什么样子呢？作为一个多维对象，它会根据我们想要探索状态空间中的不同维度而呈现出不同的形态。那么，这些不同的形态又对应着什么？会不会是上帝的众多面向？这实在是一个既大胆又有趣的想法。当然，我对此也保留怀疑。

作为本书的核心，天气和气候集合预测系统的发展离不开许多在英国气
象局及欧洲中期天气预报中心服务的、兢兢业业且富有朝气的同事们的努
力。首先，我想对这些同事表示感谢。戴夫·安德森（Dave Anderson）、
简·巴克梅耶（Jan Barkmeijer）、罗伯托·布伊扎（Roberto Buizza）、
菲利普·沙普莱（Philippe Chapelet）、弗朗西斯科·多布拉斯－雷耶
斯（Francisco Doblas-Reyes）、丹尼斯·哈特曼（Dennis Hartmann）、
雷纳特·哈格多恩（Renate Hagedorn）、马丁·卢特比彻（Martin
Leutbecher）、让－弗朗索瓦·马哈福夫（Jean-Francois Mahfouf）、道
格·曼斯菲尔德（Doug Mansfield）、马丁·米勒（Martin Miller）、弗
兰科·莫尔特尼（Franco Molteni）、罗伯特·穆罗（Robert Mureau）、
詹姆斯·墨菲、托马斯·彼得里亚吉斯（Thomas Petroliagis）、卡迈
勒·普里（Kamal Puri）、戴维·理查森（David Richardson）、格伦·舒
茨、蒂姆·斯托克代尔（Tim Stockdale）、斯蒂法诺·蒂巴尔迪（Stefano
Tibaldi）、乔·特里比亚（Joe Tribbia）和安特杰·韦斯海默（Antje
Weisheimer），我要向你们致以深深的感谢。

另外，我还要感谢现在在乔治梅森大学工作的贾格迪什·舒克拉，他让

我意识到物理模型在探索大气可预测性方面的潜力。他所做的研究激发了我对集合预测方法的热情。我要感谢佐治亚理工学院的彼得·韦伯斯特,他向我们展示出概率集合预测在发展中国家救灾准备方面可以发挥多么重要的作用。他是预期行动项目的先驱,而人道主义组织正在利用这些项目改善救灾方式。

在整个职业生涯中,我有幸得到许多伟大的科学家的帮助与指点。我要感谢我在布里斯托尔大学攻读学士期间的导师迈克尔·贝里、布莱恩·波拉德(Brian Pollard)和露丝·威廉姆斯(Ruth Williams),在牛津大学攻读硕士研究生期间的导师丹尼斯·夏马,以及我的授课老师和内部博士评审罗杰·彭罗斯。夏马是我所见过的最会鼓舞人心的演讲者。每次听完他的演说,我都会觉得眼前的世界格外地美好。彭罗斯在 2020 年获得了诺贝尔物理学奖,他有一种让人无法拒绝的魅力。每次前往彭罗斯的办公室参加小型讨论会,我都觉得自己像处于宇宙中心的优选参照系,而哥白尼的日心说被打破了!最重要的是,夏马和彭罗斯一起教会我不要害怕跳出固有思维,在思考时善用几何图形和简单模型,以及不要被看似复杂的数学吓倒。我相信他们的这些教导令我终生受益匪浅。

我从雷蒙德·海德那里获得了所有我必须知道的地球物理流体动力学知识,这才有机会转换新的职业方向。为此,我由衷地感谢他的帮助。我非常幸运,很快就开始与 3 位世界上最杰出的气象科学家一起共事。他们分别是来自华盛顿大学的吉姆·霍尔顿、来自剑桥大学的迈克尔·麦金太尔以及来自麻省理工学院的爱德华·洛伦茨。洛伦茨略有些腼腆,不善言辞,在讲台上却表现得挥洒自如。他让我想起了丹尼斯的上司保罗·狄拉克(Paul Dirac)。与彭罗斯一样,洛伦茨从本质上说也是一位几何大师。通过组建简单的图像,他最终发现了混沌几何学。当我着手建立集合预测系统时,我身边的人对此表示了质疑,但他一直极力支持我的做法。多年之后,我才意识到我何其有幸，能够与他结交。

与丹尼斯·夏马和雷蒙德·海德一样，罗伯特·梅是个极其热情的人。我不仅跟随他学习有关混沌理论的思想，还跟着这位长袖善舞的交际大师学会了如何高效地与他人交流这些思想。通过他的介绍，我结识了英国央行行长默文·金（Mervyn King）等经济学家，这种机会在我刚走入社会时简直是无法想象的。2003 年，在梅担任英国皇家学会主席期间，我被选为该学会的会员。在特别为新会员举行的宴会上，我有幸坐在梅和他的妻子旁边，那是我职业生涯中的一个高光时刻。直到现在，每当想起那个夜晚，我还是会兴奋得全身起鸡皮疙瘩。我非常感激梅为我所做的一切。

另外，我要向英国皇家学会致以我的谢意。2010 年，正值英国皇家学会成立 350 周年之际，我获得了英国皇家学会研究教授的奖金，这才能放手研究本书所涉及的跨学科主题。在我看来，这样的资助方式不但让一个人得到经费支持，而且让他可以随心所欲地做任何自己喜欢做的事！我担心这样的特权或许有可能会被滥用。但是，就我自己而言，要是没有这笔奖金，我就不可能开始研究本书所讨论的如此多元的主题。因此，我非常感谢英国皇家学会授予我这一职位。我认为，慈善资金应该更多地被用来资助这种没有严格限制、开放性的研究职位。对于亿万富翁来说，这不失为一种回馈社会的理想方法，而且我坚信他们付出的每一美元都将获得巨大的回报。

我还要在这里向哈维·布朗（Harvey Brown）和杰里米·巴特菲尔德（Jeremy Butterfield）这两位世界顶尖的物理学理论家道谢，感谢他们耐心地向我解释量子力学中的贝尔不等式的诸多要点。我在本书中用大量的篇幅对此做了讨论。他们也欢迎我加入他们的行列。在继续从事日常的气象工作的同时，我创建了牛津大学物理学理论研讨会以推动物理学的基础研究工作。

现在在莱斯大学就职的克里希纳·帕勒姆（Krishna Palem）向我传授了许多有关低能量噪声晶体管的知识。我要向他表示感谢。帕勒姆是世界上最早提出模糊计算机的概念的那个人。

我有幸得到众多同行对本书初稿给出的评价，从而改正了许多错误。为此，我要特别感谢哈维·布朗、玛莎·巴克利（Martha Buckley）、马克·凯恩（Mark Cane）、彼得·科文尼（Peter Coveney）、克拉拉·德瑟（Clara Deser）、乔希·多灵顿（Josh Dorrington）、西蒙特·杜布、克里·伊曼纽尔（Kerry Emanuel）、多因·法默、查尔斯·戈弗雷（Charles Godfray）、郭伟思、丹尼斯·哈特曼、萨宾·霍森费尔德、萨利赫·库恩（Saleh Kouhen）、约翰·克雷布斯（John Krebs）、比阿特丽斯·蒙格－桑兹（Beatriz Monge-Sanz）、塞巴斯蒂安·波莱德纳、胡安·萨布科、克里斯·肖（Chris Shaw）、贾格迪什·舒克拉、尼克·斯特恩、比约恩·史蒂文斯（Bjorn Stevens）、尼克·特雷费森（Nick Trefethen）、乔·特里比亚和彼得·韦伯斯特。

我还要感谢本书的编辑们。他们是牛津大学出版社的莱塔·梅农（Latha Menon）和基础书籍出版社的埃里克·亨尼（Eric Henney）、艾米丽·安德鲁卡提斯（Emily Andrukaitis）和托马斯·凯莱赫（Thomas Kelleher）。他们给出的意见为这本书带来了极大的提升空间。当然，如果书中还遗留有任何的问题，那都是我自己的责任。

我的儿子布伦丹·帕尔默绘制了本书的许多插图并为此做了资料准备。我的学生乔希·多林顿（Josh Dorrington）和米兰·克卢沃（Milan Klouwer）绘制了第1章至第3章中表现混沌和湍流的图表。我在天气预测领域的同事马丁·卢特比彻、费尔南多·普拉特斯（Fernando Prates）和吉汗·沙欣（Cihan Sahin）提供了第5章中的集合天气预测数据。英国央行的保罗·勒韦（Paul Lowe）和亚历克斯·拉坦（Alex Rattan）则向我提供了第 8 章中的扇形图。

最后，我要感谢我的家人始终为我付出无尽的爱、耐心与理解。为了从事研究工作，我经常日复一日乃至连续几个月不见人影。特别感谢我的妻子吉尔以及我的儿子们。萨姆、格雷格和布伦丹（Brendan）如今在各自的职业生涯中也取得了耀眼的成就。此外，我还要感谢我的弟弟约翰（John）和妹妹罗莎琳（Rosalyn），他们在我撰写这本书时给予了我无限的支持与鼓励。

考虑到环保的因素，也为了节省纸张、降低图书定价，本书编辑制作了电子版的注释与参考文献。请扫描下方二维码，直达图书详情页，点击"阅读资料包"获取。

未来，属于终身学习者

我们正在亲历前所未有的变革——互联网改变了信息传递的方式，指数级技术快速发展并颠覆商业世界，人工智能正在侵占越来越多的人类领地。

面对这些变化，我们需要问自己：未来需要什么样的人才？

答案是，成为终身学习者。终身学习意味着永不停歇地追求全面的知识结构、强大的逻辑思考能力和敏锐的感知力。这是一种能够在不断变化中随时重建、更新认知体系的能力。阅读，无疑是帮助我们提高这种能力的最佳途径。

在充满不确定性的时代，答案并不总是简单地出现在书本之中。"读万卷书"不仅要亲自阅读、广泛阅读，也需要我们深入探索好书的内部世界，让知识不再局限于书本之中。

湛庐阅读 App: 与最聪明的人共同进化

我们现在推出全新的湛庐阅读 App，它将成为您在书本之外，践行终身学习的场所。

- 不用考虑"读什么"。这里汇集了湛庐所有纸质书、电子书、有声书和各种阅读服务。
- 可以学习"怎么读"。我们提供包括课程、精读班和讲书在内的全方位阅读解决方案。
- 谁来领读？您能最先了解到作者、译者、专家等大咖的前沿洞见，他们是高质量思想的源泉。
- 与谁共读？您将加入优秀的读者和终身学习者的行列，他们对阅读和学习具有持久的热情和源源不断的动力。

在湛庐阅读 App 首页，编辑为您精选了经典书目和优质音视频内容，每天早、中、晚更新，满足您不间断的阅读需求。

【特别专题】【主题书单】【人物特写】等原创专栏，提供专业、深度的解读和选书参考，回应社会议题，是您了解湛庐近千位重要作者思想的独家渠道。

在每本图书的详情页，您将通过深度导读栏目【专家视点】【深度访谈】和【书评】读懂、读透一本好书。

通过这个不设限的学习平台，您在任何时间、任何地点都能获得有价值的思想，并通过阅读实现终身学习。我们邀您共建一个与最聪明的人共同进化的社区，使其成为先进思想交汇的聚集地，这正是我们的使命和价值所在。

CHEERS

湛庐阅读 App
使用指南

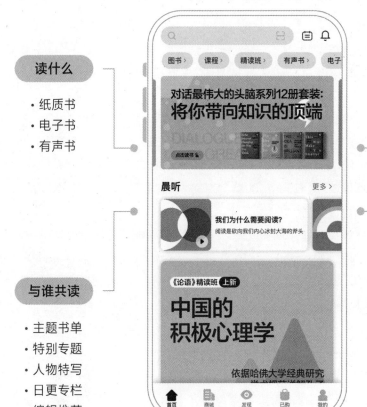

读什么
- 纸质书
- 电子书
- 有声书

怎么读
- 课程
- 精读班
- 讲书
- 测一测
- 参考文献
- 图片资料

与谁共读
- 主题书单
- 特别专题
- 人物特写
- 日更专栏
- 编辑推荐

谁来领读
- 专家视点
- 深度访谈
- 书评
- 精彩视频

HERE COMES EVERYBODY

下载湛庐阅读 App
一站获取阅读服务

浙江省版权局图字：11-2024-456

图书在版编目（CIP）数据

怀疑的首要性 /（英）蒂姆·帕尔默著；樊京芳译 .
杭州：浙江科学技术出版社，2025. 4. — ISBN 978-7
-5739-1710-2

Ⅰ . N94

中国国家版本馆 CIP 数据核字第 2025A78M20 号

书　　名	怀疑的首要性	
著　　者	[英] 蒂姆·帕尔默	
译　　者	樊京芳	

出版发行　浙江科学技术出版社
　　　　　地址：杭州市环城北路 177 号　邮政编码：310006
　　　　　办公室电话：0571 - 85176593
　　　　　销售部电话：0571 - 85062597
　　　　　E-mail:zkpress@zkpress.com
印　　刷　唐山富达印务有限公司

开　　本	710mm×965mm　1/16	印　　张	19.25
字　　数	305 千字		
版　　次	2025 年 4 月第 1 版	印　　次	2025 年 4 月第 1 次印刷
书　　号	ISBN 978-7-5739-1710-2	定　　价	139.90 元
审 图 号	GS (2024) 5221 号		

责任编辑　余春亚	责任美编　金　晖
责任校对　张　宁	责任印务　吕　琰

湛庐 CHEERS

与最聪明的人共同进化

HERE COMES EVERYBODY

THE PRIMACY
OF DOUBT

重磅导读

01   如何理解不确定的世界

万维钢

科学作家，"得到"App《精英日课》专栏作者

02   不确定性不是科学的缺陷，
　　　而是科学探索的动力

樊京芳

北京师范大学系统科学学院教授、博士生导师

01

如何理解不确定的世界

万维钢

科学作家，"得到"App《精英日课》专栏作者

　　《怀疑的首要性》这本书的作者蒂姆·帕尔默是牛津大学物理系教授、英国皇家学会会士和美国国家科学院外籍院士，获得过狄拉克奖。同时，帕尔默是霍金的同门师弟，两人共同的博士导师是丹尼斯·夏马，两人的博士课题也都是广义相对论。

　　帕尔默比霍金晚入门几年，后来还转去研究大气物理学……但是现在又回到了理论物理。帕尔默带回来一个见解。这个见解可能会颠覆理论物理。这也就是这本书的内容。

　　帕尔默这个见解把理科生喜欢的"混沌"、"分形"、量子力学这些东西和文科生喜欢的"人的意识"、"自由意志"乃至经济学和社会系统联系在了一起。这

里面有智识的乐趣，更有世界观的升级。也许你会在未来的日子里经常想到这些思想。

这本书的终极主题是，**应该如何理解这个也许是确定但不可预测的，也许本来就是不确定的世界。**

这本书的主题源自美国知名传记作家詹姆斯·格雷克（James Gleick）在《费曼传》中评价物理学家费曼的一句话："他相信怀疑的首要地位：我们对世界的认识本质上就应该是怀疑的，怀疑不是我们认知能力的一个污点，而是我们认知的本质。"

我们也永远都不会知道 14 天之后的天气

我们看着太阳东升西落，月亮阴晴圆缺，一年经历春夏秋冬，自然认为世界本质上就是周期性的。我们生活中的很多经验也是周期性的：人有生老病死，经济有热有冷，王朝有兴盛和衰落，我们相信未来出现的局面总能在过去找到相似的局面。我们相信历史经验是有用的，社会是有规律的，我们相信这一切都有"公式"。但其实，根本没有公式可以预测，也没有经验可循。

这里不得不提到美国数学家和气象学家爱德华·洛伦茨。1956 年，洛伦茨产生了一个直觉，他觉得天气的变化不可能是周期性的，决心从数学上证明这一点。洛伦茨认为，他不需要直接证明大气系统是非周期性的，只要证明任何一个复杂系统都是非周期性的即可。为此，只要先找到一个比较简单的系统，证明它是非周期性的——那么可想而知，复杂系统就更是非周期性的。

洛伦茨设计了一个系统，也就是大家非常熟悉的洛伦茨吸引子。洛伦茨吸引子没有周期性，更重要的是，洛伦茨吸引子有一个怪异性质，是数学家和物理学家以前从来没想到过的，也就是如果初始值有一点变化，后面就会很不一样……

这是气象学家的噩梦。我们想想，如果要预测天气，你需要方程，需要初始值，然后进行计算机模拟。你的初始值都是对当前天气状况的观测，而你的观测必然会有误差。那如果初始值差一点点，后面的模拟结果就差很多，甚至面目全非。这样的话，这个所谓的模拟还有意义吗？

演化结果对初始值高度依赖的现象，就叫"混沌"（chaos）。洛伦茨发现了混沌。混沌就是混乱，就是不可预测。不管你的计算精度有多高，它总有误差；而任何误差经过一段时间总会被放大到你不认识的程度——混沌系统，总会超出你的预测。

科学家如梦方醒，很快意识到混沌系统其实无处不在：天气是这样的，股市是这样的，人口是这样的，世界本身也是这样的。这就意味着任何科学知识对你的帮助都是有限的，你永远都不可能预测遥远的未来。

混沌的关键特点是系统的初始值稍微变化一点点，后面的演化结果就会非常不同——这意味着最初的误差会被迅速放大，这样的系统将是难以预测和把握的。

这是一种什么局面呢？英文中有一段谚语，正好说明了误差被放大的过程：

> 因缺一钉，马蹄丢。
>
> 因失马蹄，战马丧。
>
> 因无战马，骑士亡。
>
> 因失骑士，战报没。
>
> 因无战报，战役败。

因战失败，国家灭。

一切根源于一颗马蹄钉。

这是典型的多米诺骨牌效应：最初小小的一件事出了错，导致最后巨大的灾难；而如果当初没有那个小错，可能一切都会不同。这样的过程可能发生在任何领域中，这就是混沌系统的可怕之处。

可是，世间大多数王国并没有因为少了一颗钉子而陷落啊！事实上，有些国家在腐败不堪、千疮百孔的情况下都能继续存在很多年，这种情况又怎么算呢？没错，即便是一个混沌系统，也不是到处都充满戏剧性。事实上，大多数复杂系统是非常安全的。

《怀疑的首要性》这本书的一个重要主题就是如何区分安全系统和不安全系统。你首先要知道，即便在洛伦茨吸引子之中，也有很多地方是非常安全的。

混沌系统未来会发生什么，跟初始值的选取范围关系非常密切。很多局面是非常安全的，我们的预测难点是那些不安全的局面。

你可能会说，难以预测也是可以预测的啊！现在计算机算力这么强，对于不安全的局面，如果把初始值的精确度再调高一点，让误差再减小一点，预测的时间范围不就更长了吗？

对洛伦茨吸引子来说，的确如此。但是对于更复杂的系统，精度再高也没用，比如说天气系统。天气预报的原理非常简单，你只要解一个关于地球大气的流体力学问题就能明白其原理。方程是现成的且是无比精确的，也就是纳维 - 斯托克斯方程。它基于牛顿力学，没有多余的假设，可以精准描述空气和水的运动。你要做的就是把大气中每一个位置的压强、密度、温度和速度输入方程，用计算机求解，然后就可以知道天气接下来会如何演化。

当然，这里面有个计算精度问题。你不可能照顾到每一个空气分子，你总需要构建一个模型。通常的做法是把大气打上方形的三维格子，通过观测给每个格子赋予各种物理量的初始值，然后对这些格子做计算。

气象学家用了几十年的天气预报模型是将格子的边长设定为 100 千米，这个精度不算太高。所有模型都默认每个小格子内部的大气是均匀的，也就是说，我们假定 100 千米以内发生的事情都可以忽略不计。我们假定比格子尺度小的物理学对全局没什么大影响。这其实是一个不得已的假定，毕竟你的计算分辨率总是有限的。而这个假定，其实是错的。

流体力学中有这么一种现象，就是小尺度范围内发生的事儿可以剧烈地影响到大尺度的事儿。这就是"湍流"。举个简单的例子。打开家里的自来水龙头，当你把流速控制到比较慢又不是特别慢的时候，你会发现刚出来的水柱可以又光滑又稳定，就好像静止似的。但如果你把水龙头开大，你会发现水流刚离开水管就开始四处飞溅，非常乱，这就是湍流。

物理学家至今都没有彻底想明白湍流到底是怎么回事。纳维-斯托克斯方程在这种复杂局面下的求解非常困难。最重要的是，湍流是流体中的各种漩涡导致的。大漩涡里套着小漩涡，小漩涡里又有更小的结构。也就是说，是小尺度上发生的一些事情导致了大尺度的湍流。要想用计算机模拟湍流，你的模型就必须精确到小尺度才行。对天气预报模型来说，麻烦就在于小尺度的湍流。

湍流现象说明小尺度流体力学是不可忽略的。你的模型把 100 千米以内的湍流排除在考虑范围之外，那如果这种小尺度湍流原本会导致更大的漩涡，再导致更大的风暴，这个模型不就没考虑这种情况吗？

洛伦茨在 1963 年发表的一篇论文中首先讲了这个问题。他在 1972 年的一次会议上提出的"当一只蝴蝶在巴西扇动了一下翅膀，这会不会在得克萨斯州引起一场龙卷风"，说的就是湍流，这就是后来"蝴蝶效应"这个术语的出处。请注意，严格说来，洛伦茨说的这个蝴蝶效应，是比我们前面说的洛伦茨吸引子更不好对付的混沌系统。

洛伦茨吸引子的某些区域的确会剧烈地放大误差，但是如果你最初的测量足够精确，你的计算精度足够高，原则上还是可以尽量延长能准确预测的时间。然而，天气预报里的蝴蝶效应，却是不管你怎么提高精度，你能预测的时间长度也有一个上限。

这个原理是这样的。比如一般气象模型的格子尺度是 100 千米，这种情况下你能预测未来一个星期的天气变化。你对此很不满意，你说我们现在有更强的计算机和更好的观测设备了，我们完全可以把格子精度提高 1 倍，达到 50 千米! 那么，我们可预测的时间是否也会提高 1 倍呢?

洛伦茨认为，不会的。因为这里面有个难以细说的数学理论，简单来说，就是误差在小尺度上增长的幅度更小。把模型精度增加 1 倍，你可以预测的时间并不会从 7 天增加到 14 天——而是只能增加一半，也就是多预测 3.5 天。现在你可以做 10.5 天的天气预报。

要把精度再增加 1 倍呢? 那么你可以预测的时间会再延长一半的一半，也就是 1/4 个 7 天。以此类推，如果你把模型精度无限提高，你最多能预测的天数就是 7(1 + 1/2 + 1/4 + 1/16···) 天。任何一个学过高等数学的人都知道，括号里无穷级数的和等于 2。这也就是说，哪怕你的观测和计算精度是无限的，你的初始误差为 0，你最多也只能提前预测 14 天的天气。

这个可预测天数的上限，就是奇异极限。因为奇异极限的存在，天气系统是比洛伦茨吸引子更可怕的系统。这是因为洛伦茨吸引子只有一个点的 x、y、z 三个变量，而天气系统中有非常多个变量。我们把洛伦茨吸引子称为"低阶混沌"，把天气这样的系统称为"高阶混沌"。所以这就给预测复杂现象提出了一个根本性的限制，特别复杂的现象本质上来说不可能做长期预测。

考虑到真实世界里的各种系统都更像天气一样复杂，而不是更像洛伦茨吸引子一样简单，我们不得不得出一个无比悲观的结论：世间的事情，本质上是你不可能提前很多天预测到的。**不管科技怎么发达，我们也永远都不会知道 14 天之后的天气。**

也就是说，第一，世界本质上是非周期性和不可预测的，你能耐再大也没用；第二，但世界大多数地方在大多数情况下并不是混乱的。就连洛伦茨吸引子上都有相对比较友好的区域，地球轨道几乎就是周期性的，地球上并不是处处天天刮飓风，昨天的经验常常约等于明天的预测。

复杂系统不能做长期的精准预测，但是未来也不能说是一片漆黑的，我们还是可以知道未来发生各种事情的概率。这已经非常有帮助了。

当谈论预测未来的时候，我们必须有概率意识

我们还是先讲天气。天气预报其实有两种。前面说的要精准预报某一天的天气怎么样，那属于短期天气预报，最长期限 14 天，需要的就是纳维-斯托克斯方程。

还有一种则是中长期天气预报。比如在未来一个月或者一个季度之内，这个地区会发生几场飓风，让你给一个大概的估计，那完全是另一种思路。

气象学家早在 100 多年前就已经知道，中长期的天气不是一个地区本身所能决定的，会受到全球气候的影响。青藏高原下多少雪会影响印度洋上空的季风，而印度洋上空的季风则会影响欧洲的天气。所以要做中长期天气预报，就必须把整个地球的大气和海洋看作一个整体。

20 世纪 60 年代，气象学家发现了影响地球气候的一个关键区域，那就是太平洋上沿着赤道的一带。在正常年份下，这个区域东部的海水会比较冷，西部会比较暖。可是在有些年份下，海水温度会正好颠倒过来。秘鲁的渔民早就知道哪些年份正常，哪些年份不正常，因为海水温度的异常会导致鱼游去别的地方或者直接死掉。气象学家则注意到，当这个区域的海水温度不正常的时候，全球天气都会受到影响。这种情况的动力学过程大概是这样的：海水温度变化影响太平洋的信风，太平洋的信风影响印度洋季风，印度洋季风影响北大西洋，北大西洋影响全欧洲，最终影响全世界。这就是著名的"厄尔尼诺现象"。

统计表明，你只要看一看赤道附近哪个区域有没有发生厄尔尼诺现象，就能知道未来一个月到一个季度，大西洋上空大概会出现几场飓风。当然，你无法预知具体的一场飓风会发生在哪一天，这毕竟只是个统计结果。但是统计结果也很有用，如果知道飓风马上会增多，我们总可以提前做点准备。这就是中长期天气预报的意义所在：它能给你一个概率。

最初的预测思路完全是统计性的，依赖过去的经验，自己没有什么主动的计算。后来我们这本书的作者帕尔默加入了天气预报领域，他提出中长期天气预报也可以用物理模型。在他的推动下，科学家利用物理模型结合统计事实，做出了很不错的中长期天气预报产品。

这件事把气象学家的思路给打开了。尤其是帕尔默，他认为对短期天气预报也应该这么干。我们应该效法中长期天气预报的做法，对观测值主动制造一些不确定性，把不确定性输入模型。这也有一个现成的方法：蒙特卡洛方法。蒙特卡洛方法是基于概率的。该方法的基本思路非常简单：如果你想预测一件事情的结果，你只要用随机生成的各种输入值，把这件事模拟很多遍，看看你模拟出来的众多结果大概是什么情况。

蒙特卡洛方法在哲学上是一种随机实验，在物理学上是通过人为制造的随机性——噪声，来探索系统的多个可能性，在数学上，它还有一个惊喜：它能减少计算量！也许是因为噪声自动代表了多种可能性，有了噪声，你不用太高的分辨率和预测精度就能得到很不错的计算结果。

比如短期天气模型中的小尺度湍流。我们可以不管一个格子里有没有湍流，也不管湍流是什么样的，随机给它分配一个湍流，然后把各种情况都模拟一遍，取个平均值，就能得到一个很不错的预测。

但帕尔默认为，短期预报所谓的计算，其实是尽最大努力给一个最可能出现的结果，这种方法天然放弃了一些明明也有很大可能但没有被计算到的情形。你既然那么会算，为什么不把所有可能的状态都算一遍呢？

他找到一个特别好的例子。那是英国的一次天气预报，气象学家计算的结果中没有飓风，可后来却发生了破坏性很强的飓风，气象学家遭到了老百姓的嘲讽。帕尔默说这回咱们不算 1 次，咱们算 50 次——在每一次计算中把初始值稍微变动一下，给个随机的噪声，看看都有哪些结果。

结果就如书中的图 5-2 所示。这种图叫"邮票地图"，图中每个小"邮票"代表一次模拟结果。我们看到，50 次模拟中有一些场景，真的发生了飓风。

现在我们把所有 50 张"邮票"综合在一起，就可以给出英国各个地区发生飓风的概率有多大，就像书中图 5-3 显示的那样。可以看到，英国南部地区发生飓风的概率最高的可以达到 30%，其他地区则几乎不会发生飓风。

这个结果是概率性的，但是这样的结果对老百姓是很有用的。如果你知道你家所在的地区明天有 30% 的概率会发生飓风，你大概不会把车停在户外，你可以稍微做点准备，这总比不知道强吧？

蒙特卡洛方法预测的不是一个结果，而是一个结果的集合。帕尔默在 1985 年开发了第一个集合式的短期天气预报模型，现在所有主流的天气模型已经都是这样的了。这里的操作不关心平均值，而关心各种情形出现的概率。

为什么现在的天气预报往往都会给你一个降雨概率，而不像以前那样直接说下不下雨。承认未来的不确定性并且能把那个不确定性量化给你，这是观念的升级。

其实天气预报这种概率预测有个哲学问题。你算出来的概率，说到底是你模拟的那个集合里发生的概率，那你这个概率岂不是很主观？我换一组预测集合，要是算出另一个概率，究竟哪个是对的呢？这个概率在真实世界的物理意义是什么呢？

比如天气预报说明天下雨的概率是 80%，这句话是什么意思？明天难道不是只有一次吗？怎么还会有概率呢？唯一理想的定义是，在天气预报说下雨的概率是 80% 的那些日子里，事后经统计发现真的有 80% 的日子下雨了。你给出的概率必须达到这个水平，我们才能相信它是靠谱的。

而要做到这一点非常困难。实践表明，直接用完全随机的噪声生成初始值是不行的——那会低估系统的不确定性，往往预测出来的结果不如真实局面的戏剧性强。为了更接近真实局面，气象学家还必须对预测的初始值做一些手脚，你必须先考虑好哪儿更容易出状况，你得把气象知识结合到初始值的生成之中……那些都是细节问题，这里我们不用考虑。

总而言之，当我们谈论预测未来的时候，我们必须有概率意识。你知道我们对未来是无法精确预测的，只能知道各种场景的概率，那么我们就只能根据概率决策。

为了说明知道概率也很有用，帕尔默特意编了一个故事。帕尔默有个朋友准备在星期六举办一场户外聚会，他在想是否要租一个帐篷以防下雨。帕尔默说，那得看有什么重要人物要来参加你这个聚会，以及下雨的概率是多少。

如果英国女王要来，那你肯定非常不希望女王淋雨，所以只要下雨概率超过5%，你就应该租帐篷。如果本地市长要来，让他淋雨也不好，但是也不是那么难以接受，所以你可以设定下雨的概率超过 20% 就租帐篷。如果只是一个普通的家庭聚会，在场最大的人物是你岳母，那你完全可以只在下雨概率超过 50% 的情况下租帐篷。

因此你看，概率会影响决策。严格来说，光考虑概率和事情的严重程度还不行，还得考虑租帐篷的成本。如果帐篷是免费的，那不管下不下雨都可以租；如果租帐篷非常贵，你大概宁可让市长淋雨。

一般而论，你的决策需要考虑三个因素：

1. 一旦灾难发生，你必须承受的损失，设为 L。

2. 灾难发生的概率，设为 p。

3. 如果要采取行动预防灾难，你必须花费的成本，设为 c。

那么，你应该在什么情况下采取预防行动呢？

答案是：当 $c < p \times L$ 时，应该采取行动为灾难做好准备。

$p \times L$，也就是损失乘以发生损失的概率，是这个灾难带给你的"预期损失"，也就是平均而言，你会承受这么大的损失。只要预期损失大于预防行动的成本，预防就是值得的。如果预期损失小于预防成本，那你完全可以认命，不值得预防。

其实做决策能有概率意识，还知道做一番量化计算，已经挺不容易了，绝大多数人都是凭感觉行事。现代人正在被慢慢训练这样的意识。

比如，我们经常听说关于极端天气的橙色预警、红色预警，这个预警的颜色是怎么定的呢？英国气象局有一个颜色标准，正是根据"灾难可能带来的损失有多大"和"灾难发生的概率有多大"这两个维度确定的。如果预报的这场灾难发生的概率特别大，损失也特别大，那就是红色预警。如果损失大，但是概率并不大，那就是橙色或者黄色预警。

有了这个意识，现在政府也好，国际组织也好，对灾难的援助已经在从事后援助往事前援助发展。也就是在灾难发生之前，如果预测模型算出来红色或者橙色预警，就应该提前把物资和应急资金准备好。事实证明这种预测性行动会大大提高救灾效率。联合国已经决心未来在人道主义领域把预测性行动作为核心。

道理的确是简单的道理，但是让道理发挥作用，带来切实的进步，还得看预测模型够不够好。

正因为有噪声，才让我们的大脑超越了算法

学习的一大乐趣就是你突然发现，本来看似不相关的两个东西，其实是一回事，它们背后有同一个原理。

帕尔默这本书还有一个关键元素是噪声，也就是人为添加的随机性。之前我们把噪声加入天气模型做预测，发现它可以大大节省算力，能迅速找到各种可能的结果，能预测比如说发生飓风的概率。噪声，可以用来替代精密的计算。

人的大脑就是一台会用噪声计算的机器。

先看一道算法题。想象你在探测一条山路，山路有上坡有下坡，有山峰有低谷。你的任务是在最少的步骤内找到路上尽可能高的一座山并且停留在那里。这个游戏的特点是你不用走：每一步，你或者选择从地图上的一个点跳跃到另一个点；或者选择随便报一个点，让系统告诉你那个点的高度是多少。请问你会用什么样的方式跳跃呢？

直观的办法是沿着路从左到右挨个位置查看高度，但这就太慢了。一个符合直觉的更快的算法是先随便选一个点，以这个点为基础，往左和往右各移动一步，看看哪边会升高，然后往升高的方向移动，继续探测下一个点。如果你发现两边都比这里低，那你就找到了一个高点。这个方法的问题在于，你很容易被卡在一个局部的山峰上，会错过更高的山。

有个特别好的算法叫"模拟退火算法"。设想你在地图中位于 A 点，你知道 A 点的高度。现在随机选择一个之前没去过的 B 点，如果 B 点高于 A 点，你就跳到 B 点；如果 B 点低于 A 点，那么你有两个选择。

　　　　　　　　　怀疑的首要性・导读手册

- 如果现在还处在探测的早期，那你就以一个比较高的概率跳到 B 点。这是因为地图对你来说还有很多不确定性，你随便跳一下将来碰到更高点的概率很大。

- 如果已经在探测晚期，那就降低跳跃的概率。

其实这个过程很像跳槽换工作：如果你对行业还不太了解，有差不多的机会就可以跳；如果你已经很了解这个行业了，那就必须看到更高的工资才跳。

为啥叫模拟退火算法呢？因为这就好像是一块烧红了的铁，一开始非常热，它比较柔软，容易做出改变；随着时间的推移，铁慢慢冷却，就变硬了，就不容易改变了。时间越长，温度越低，铁越硬，你就越不爱改变。

如果我们把随机的跳跃想象成噪声，那么退火的过程就是一个噪声越来越小、行动越来越专注的过程。

模拟退火算法被证明是一种非常高效的探测方法。这个算法给了我们三个提示。

- 第一，按部就班地行动，按照固定的方向一个一个地扫描，是非常低效的探测方式。

- 第二，主动加入随机性，能迅速帮你找到更好的出路。

- 第三，对随机性的使用要加以控制：早期可以多随机一点，然后逐渐减少随机，后期的行动要越来越明确。

这样把随机性和方向性结合起来，是解决问题的一个好办法。

可能你已经想到了，先发散后集中，人脑的创造性思维不就是这样的吗？我们解数学题从来不是把自己学过的所有解题技巧都拿出来，十八般兵器都摆在桌子上挨个试，那太慢了。我们往往是让思维先跳来跳去，有时候跳对了就直接找到了思路。

科学家做出重大发现的"尤里卡时刻"也是如此。比如诺贝尔物理学奖获得者罗杰·彭罗斯有一天在上班路上和一个同事边走边聊，等到过马路时，两人暂停了聊天，小心地注意车辆，过了马路继续聊，然后他就跟同事分开了。就在这个时候，彭罗斯突然感到一种莫名的欣喜！他觉得好像是有个好事儿发生了，但他想不起来是什么事。

于是他就开始回忆，从早餐吃什么一直回忆到过马路那一刻……他突然意识到，刚才过马路的时候，自己产生了一个想法，可以用来解决他最近一直在思考的时空奇点问题。他赶紧写成一篇论文。

这篇发表于 1965 年的论文，后来帮他拿到了诺贝尔物理学奖。

证明了费马大定理的数学家安德鲁·怀尔斯对此专门有个总结，说解决难题分三步。

- 第一步，你必须先非常专注地一直想这个问题，把方方面面都想清楚。
- 第二步，停下来，放松放松，暂时不要刻意思考这个问题。这时候潜意识就会出场……
- 第三步，说不定在什么时候，灵感就突然出现了。

这个办法可能你早就知道，不过，帕尔默在书中给这种思考模式提供了一个非常有意思的解释。

我们知道丹尼尔·卡尼曼在《思考，快与慢》这本书中有个著名的说法，叫作系统1和系统2。系统1是毫不费力的、快速的、自动的思考；系统2是像解数学题一样、慢的、逻辑性强的、高度集中注意力的思考。

帕尔默说，如果你看大脑的功耗，不管大脑是处于系统1还是系统2，都是每秒钟消耗20焦耳的能量，等同于一个20瓦的电灯泡的能量消耗。那系统1和系统2的区别是什么呢？

当大脑处在系统1状态时，能耗被分散在好几个任务上，你同时在做几件事，每件事得到的思考功率都比较低。而当大脑处于系统2状态时，所有能耗都集中在一个任务上。这样说的话，系统1和系统2也可以叫低功率模式和功率密集模式。在系统1的情况下，就会产生噪声。

但正如我们前面说的，噪声不见得是坏事。噪声可以让思维跳跃，能给你带来灵感……这就是为什么当你处于多任务模式、心不在焉的时候，更容易出现灵感。

其实大脑根本离不开噪声。不可能每根神经元都能精确地传递信号，没有那么多能量可用。你平时看一张图片或者看窗外的景色，从来没有一个像素一个像素地看，你的神经元都已经做了四舍五入，用大量的噪声去填补空白。我们一直在使用噪声。

但如果你一直处在低功率模式，完全不集中注意力，那也不会取得任何成就。新想法来了你还得过滤它，好的就留下，不好的就舍弃——随着思考的深入，你会越来越倾向于某个方向，噪声就逐渐降低，信号逐渐加强，就好像模拟退火算法一样，你的想法越来越坚定。

用以前脑科学的说法来表达的话，这就是大脑要在默认模式网络、突显网络、中央执行网络之间快速切换，从而产生创造力。而在本书中，帕尔默用能耗和噪声解释了其中更底层的原理。噪声还有个更深刻的含义。

天气模型的噪声都不是它的本体算法生成的，噪声是研究者从外部强加的。对模拟退火算法来说，噪声是用随机数产生器加入的。对大脑来说，噪声是不能完全用你的思维控制的东西。

简单地说，因为噪声的存在，我们的大脑就不完全是算法。

大脑不完全是算法，这正是彭罗斯的名著《皇帝新脑》那本书的核心思想。彭罗斯说如果大脑完全是一个执行特定算法的机器，它就无法超越哥德尔的不完备性定理，它就不能够欣赏那些"不能用数学证明但又能感知到它是对的"东西。

"计算机科学之父"艾伦·图灵也有句名言：如果一个机器绝对不会犯错，它就不可能是智能的。**正因为有噪声，我们的大脑才超越了算法。**

你的思维跳跃、你的走神儿和溜号、你的白日梦、你模模糊糊记不清刚刚看见的东西，你稀里糊涂就敢接受一些不严格的观念，才让你成为一个人而不是一台机器。

02

不确定性不是科学的缺陷，
而是科学探索的动力

樊京芳

北京师范大学系统科学学院教授、博士生导师

在科学探索的旅程中，我们常常渴望确定性，希望通过足够的知识和计算能力去预测未来。然而，现实世界往往充满复杂性和不确定性，从量子物理到天气预报，再到金融市场和人工智能，许多系统都表现出极端敏感性和非线性行为，使得完美预测成为不可能的任务。《怀疑的首要性》正是一本探讨这一核心问题的著作，它带领读者深入理解不确定性的本质，并揭示其在科学、技术和社会中的重要作用。

蒂姆·帕尔默是国际知名的物理学家和气候科学家，他不仅在混沌理论和概率预测领域做出了重要贡献，还长期致力于改进气候和天气的预测方法。在本书中，他以深入浅出的方式，带领我们理解科学中的不确定性，打破"精确预测才

是科学目标"的刻板印象，展示如何在复杂系统中有效管理和利用不确定性。

本书的核心观点是：不确定性不是科学的缺陷，而是科学探索的动力。作者通过量子力学、混沌理论和集合预报等理论，阐述了不确定性在不同学科中的表现形式。例如，在量子物理学中，测不准原理表明粒子的位置和动量不能同时被精确测定；在天气和气候预测中，即便初始条件的微小变化，也会导致未来演变的巨大差异，即所谓的"蝴蝶效应"。正是这些不确定性，使得科学在不断发展的过程中寻找更好的模型和方法，而不是停留在对唯一答案的执念之中。

作为本书的译者，我在翻译过程中深刻感受到作者的逻辑缜密和表达的优雅。他不仅用丰富的实例和类比帮助读者理解复杂概念，还以生动的故事将这些抽象的科学原理与现实世界联系起来。例如，他提到了天气预报的集合方法，这一方法不是提供一个确定的未来天气情况，而是给出一系列可能的情境，以概率的方式评估天气情况。这样的方式不仅在气象学中被广泛采用，也在经济、医疗和人工智能等领域发挥着越来越重要的作用。

翻译这样一部跨学科的著作，对我来说既是挑战，也是一次深入学习的机会。本书涵盖了物理学、数学、计算科学、气候科学等多个学科领域，每一个概念的精准表达都需要反复推敲，以确保能够准确传达作者的意图。同时，在某些可能晦涩的部分，我尝试通过适当的注释帮助读者更好地理解背景知识，让这本书不仅仅是一本科学讨论的文本，更成为一种对思维方式的启发。

本书适合所有对科学、哲学、社会学以及现实问题感兴趣的读者。如果你对量子物理、气候科学、经济学等领域有浓厚的兴趣，或者你希望了解如何通过科学的方法应对不确定性，那么这本书将为你提供丰富的知识和深刻的见解。此外，本书也适合那些希望在信息爆炸的时代中培养批判性思维、提高决策能力的读者。

翻译这本书的过程让我深刻体会到，科学不仅仅是一种知识体系，更是一种思维方式。它教会我们如何在不确定的世界中寻找确定性，如何在混沌中发现规律。希望通过这本书，读者能够更好地理解科学的力量，并在面对复杂问题时，运用科学的方法去分析和解决。

最后，我要感谢所有在翻译过程中给予我支持和帮助的人，特别是那些在科学知识与语言表达上给予我指导的朋友和同事。希望每一位读者都能在阅读这本书的过程中受到启发，发现科学探索的不确定性之美，并学会在复杂多变的世界中更加理性和自信地前行。

THE PRIMACY
OF DOUBT

重磅赞誉

罗杰·彭罗斯

诺贝尔物理学奖得主
英国数学物理学家、哲学家

真锅淑郎

诺贝尔物理学奖得主
美国国家科学院院士
《气候变暖与人类未来》作者

马丁·里斯

英国皇家学会前任主席
剑桥大学天体物理学家

扎比内·霍森菲尔德

德国物理学家、科普作家

布莱恩·克莱格

英国皇家科学研究所
及皇家人文科学院成员
科普作家

蒂姆·帕尔默的《怀疑的首要性》从各个方面对物理学中的不确定性进行了广泛的描述，我非常推荐这本发人深省的书。

罗杰·彭罗斯

诺贝尔物理学奖得主，英国数学物理学家、哲学家

《怀疑的首要性》这本书对日常生活至关重要，作者蒂姆·帕尔默是动态天气预报的先驱之一。书中讲述了如何将该方法应用于气候、健康、经济等其他领域的预测。

真锅淑郎

诺贝尔物理学奖得主，美国国家科学院院士

《气候变暖与人类未来》作者

蒂姆·帕尔默是一位博学的科学家。很难想象还有谁能用如此权威且通俗易懂的方式论述从量子引力到气候建模等诸多主题。这本书引人入胜、意义非凡，对不同科学领域之间的概念联系做出了一些深刻且极具原创性的思考。

马丁·里斯

英国皇家学会前任主席，剑桥大学天体物理学家

在这本半科学自传、半远见者宣言的书中，蒂姆·帕尔默巧妙地将气候变化和量子力学融为一体，以不确定性为核心，对旧问题提出了新观点。帕尔默是一位超越时代的革命性思想家。

扎比内·霍森菲尔德

德国物理学家、科普作家

这很可能是我读过的最好的科普书（我已经读过几百本科普书了）。

布莱恩·克莱格

英国皇家科学研究所及皇家人文科学院成员

科普作家